超可爱
翻糖蛋糕

王森◎主编

河南科学技术出版社
·郑州·

序

　　"终于完成这些作品了！"在捏好最后一块翻糖皮，处理好细节，拍完照片之后，我和合作的伙伴相视一笑，颇感欣慰。几个月废寝忘食的思考与创作，只为把我们最好的创意和技术完美地呈现给大家。现在，我想我们完成这个目标了！

　　翻糖蛋糕——以翻糖为主要材料来代替常见的鲜奶油，覆盖在蛋糕体上，再以各种糖塑的花朵、动物等装饰，做出来的蛋糕如同装饰品一般精致、华丽。

　　美丽的翻糖婚礼蛋糕在未来婚礼装饰品市场的价值越来越大。更多的创意和灵感被赋予其中，所有你能想象到和不能想象到的立体造型，都能通过翻糖工艺在蛋糕上一一实现。

　　这是一个充满想象和艺术创造的世界。随着人们生活水平及品味的提高，对蛋糕产品的需求越来越多样化，将有越来越多的人对翻糖艺术蛋糕产生兴趣。

　　本书收入的翻糖作品包括翻糖饼干、棒棒蛋糕、杯子蛋糕、创意翻糖蛋糕等。创意的实现，在于表现出更多新鲜和时尚的元素，制作过程中的点滴细节，将以精美图文的方式展现在读者面前，与广大翻糖爱好者分享我们最原始的创作理念和思想。

　　制作多年翻糖蛋糕、热爱翻糖的我，在这里与大家分享一些我的想法和心意，翻糖制作，是一件精彩而浪漫的事情，神游于此，亲手去编织属于自己的美梦，是很有成就感且很快乐的事情。我相信它会被越来越多的人喜爱，因为翻糖的世界是如此独具魅力、令人着迷！

王　森

目录

第一部分
翻糖基础理论

一、工具与材料

1 电动搅拌机：一般用于打发蛋清和奶油霜。分为手提式和台式两种，在制作少量产品的时候使用手提式搅拌机更方便搅拌均匀，大量生产的时候用台式搅拌机更省时省力。选购重点：选择可变速的，搅拌球的钢丝间距要密，头部是圆弧形的而不是平的，这样的搅拌球打发的蛋清或奶油霜充气均匀，且充气快，打发量多，光滑细腻。

2 电子秤：金属材质的电子秤较好。测量时可以设定扣除容器质量的电子秤特别适合新手使用，以防在称量材料时出错，导致按配方制作的失败。

3 喷枪：喷枪在翻糖蛋糕的制作中可以起到喷色的作用，喷枪喷色最大的优势就是上色快，并且可以达到过渡色的效果，其他上色方法无法达到这种效果。市场中所销售的喷枪有不同的功率和气压，翻糖蛋糕的上色对功率和气压的要求并不高，只要液体能流畅喷出即可。

4 网筛：网筛能去除块状物，也能将粉类均匀混合，在过筛粉类物质时不宜使用网眼太稀疏的网筛，最好选择孔小而均匀的网筛，选择高约7厘米，直径约20厘米的网筛较好，这样一次能筛很多。

5 盆：盆是用来混合糖粉等翻糖材料的容器，适宜选择直径为30~40厘米的不锈钢高盆，质地厚实些的最佳。

6 搅拌碗和勺子：搅拌碗和勺子是混合材料时必备的工具。有塑料和玻璃等不同材质的搅拌碗，但因有时需要装入沸水或者冰水等，因此使用耐热性好又容易冷却的铝合金等材质的碗会更合适。

7 保鲜膜：完成的翻糖用保鲜膜包裹住，可以避免接触外界的空气，使翻糖保持柔软的状态。

8 防粘垫：防粘垫的材质是耐高温的，铺在桌上，在表面揉面团、擀面团都可以达到不粘的效果，并且底部表面非常光滑。

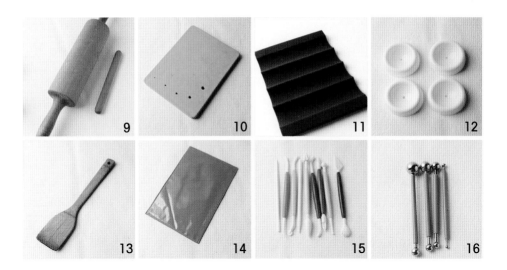

9 擀面棍：擀面棍是在擀饼干面团和翻糖皮的时候经常使用的工具。最常见的有两种，一种是直形，另一种是把手形，把手形有活动和不活动两种。擀小面团时一般使用直形的居多，方便控制；擀大面团时较多使用把手形的活动式擀面棍，由于两侧有把手，旋转起来很方便。

10 海绵板：制作翻糖花卉时海绵板是不可或缺的工具。海绵板比海绵的质地硬，但又比桌面柔软，每一朵花瓣放在海绵板表面，利用球形捏塑棒在边缘滚压，使边缘花瓣变薄，形成自然的褶皱。海绵板特殊的质地使花瓣边缘可以压薄，但又不会因质地太硬而压破花瓣，是制作各种花卉的最佳选择。

11 凹槽定型海绵：专门用于制作翻糖花瓣时的定型晾干步骤，完成的单个花瓣放在中间弧形部位，需要什么角度的弧度可以自由变动调节。定型海绵的特点是透气性好，可以大大减少晾干的时间，缩短成品制作的时间。

12 凹槽花瓣定型器：也是用于翻糖花卉定型步骤的，与定型海绵的最大区别就是不光可以单独放入单片的花瓣晾干，而且可以将完成的整朵圆形花整体放入定型晾干。

13 铲子：铲子是混合时使用的工具，可分为木铲、铁铲、橡皮刮刀三种，前端较宽大的木铲比较适合搅拌翻糖面团的时候使用，有一定的硬度，前端宽大的面也可以使盆底的材料完全混合。如果想干净地刮下搅打好的面团或糖霜、奶油霜，比较适合用橡皮刮刀，橡皮刮刀良好的柔软性和弹性容易把食材从容器边缘刮干净，不浪费。

14 花瓣防干板：花瓣防干板底部是硬质的塑料板，上面是一张不透气的软质塑料薄膜，整体外形类似书本一样，可以将压好形状的花瓣全部放在中间，塑料薄膜覆盖在上面，与外面的空气隔开，以保持柔软湿润的状态，有了这个工具也大大提高了花卉成型的速度。

15 捏塑棒：捏塑棒主要是利用不同形状的头部来制作各种卡通动物和人物，也可以压出各种花瓣的纹路。有塑料和不锈钢两种材质的，制作翻糖蛋糕使用最多的是塑料捏塑棒，价格便宜适中，使用轻便。不锈钢捏塑棒不光可以用来制作翻糖蛋糕，更主要是用来完成拉糖制品的细节制作。

16 球形捏塑棒：球形捏塑棒两头的球体大小不同，以方便制作不同大小的作品，主要是用来制作花瓣边缘的弧度。

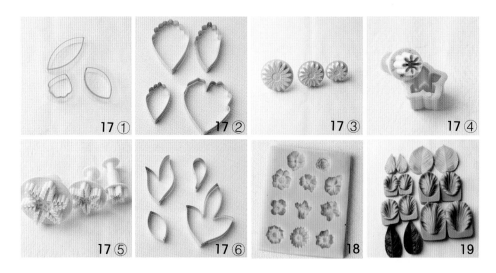

17 压模：压模的品种非常多，不同的花有各自相对应的模具，图片显示的模具分别为①玫瑰花、②牡丹花、③向日葵、④小花、⑤雪花、⑥叶子的压模。其中，向日葵花模一套有三个小大不同的型号，可以方便制作出重瓣花卉的效果。小花和雪花的压模具备推动功能，方便从模具中取出。压模一般选用塑料和不锈钢材质的，在选购时一定要选择框的底部有薄薄的刀刃的，这样才能干净利落地压出所需的形状。

18 翻糖模具：翻糖模具有各种漂亮的卡通、花朵等图案，一般有两种材质，分别是软质的硅胶模具和硬质的塑料模具，在使用的方便程度上来说还是软质的硅胶模具更胜一筹。

19 花瓣和叶子硅胶模具：市场中有两种材质的模具，一种是如图所示的软质硅胶模具，另外一种是硬质的塑料模具，柔软的硅胶模具使用更方便。将花瓣或者叶子放在模具中间，利用两片正反面的模具压出花瓣和叶子的纹路。如果使用硬质的模具，在压纹路的时候特别容易压破。

20 裱花工具：包括剪刀、裱花袋、裱花纸、裱花嘴等。

剪刀：用来剪裱花袋、裱花纸等。

裱花袋：裱花时用来装打发的鲜奶油、糖膏等。有一次性的和塑胶布材质的，塑胶布的可重复清洗使用，要注意的是在清洗的时候，最好使用温水，因为过热的水容易破坏裱花袋的材质，而且粘接处也较易裂开而导致无法再次使用。

裱花纸：裱花纸有纸质的和塑料的两种材质，用来装糖膏、奶油裱花吊线用，用完即可丢弃。可以用白纸或不会渗油的蜡光纸自己动手制作，适合在挤少量的花饰或细线条的时候使用。

裱花嘴：装在裱花袋上，从中挤出打发的鲜奶油，装饰奶油蛋糕。

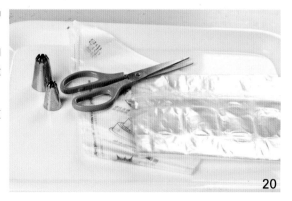

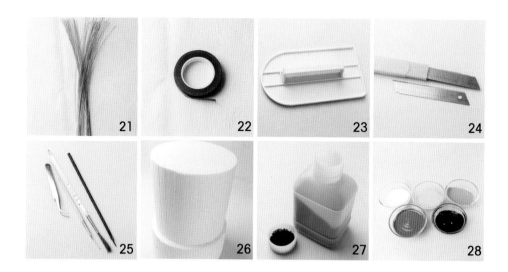

21 花枝：花枝在制作翻糖花卉时经常要用到。在市场中，花枝的粗细各不相同，每一种花卉所需要的花枝粗细也各不相同，选择合适的花枝作为花瓣的支撑，完全晾干后可以自由随意地组合花瓣。

22 胶带：深绿色和浅绿色的胶带可以将花瓣和花枝裹在一起，形成完整的花朵。市售的胶带颜色有棕色、白色、深绿色、浅绿色，可以根据不同的需要进行选择。

23 抹平器：又叫压平器，在蛋糕面包好后用来抹平翻糖蛋糕表面及侧面褶皱，使蛋糕面更光滑细腻，一般包蛋糕面时两个抹平器结合起来用效果更好。

24 刀片：可以用来切翻糖片，刻划出不同的造型。

25 毛笔和镊子：毛笔分大小号，需要大面积着色就用大号，需要细节处理就用小号，还有勾线笔用来勾勒细节轮廓。镊子在粘一些小部件的时候使用。

26 泡沫蛋糕假体：泡沫蛋糕假体可以代替蛋糕坯，用于制作样品和反复练习。

27 干燥剂：翻糖特别怕潮，在存放蛋糕样品时可用干燥剂来防潮。

28 色膏：膏状，用于调色、面团直接上色。

翻糖常见的色素有液体色素、色膏、色粉等，做翻糖时多用色膏。

液体色素为油性，适用于喷色、调色。

色粉呈粉末状，适用于花瓣刷色、叶子刷色、腮红装饰等。

常见的上色方法有：

（1）喷枪喷色：是常见的上色方法，利用喷枪和色素将颜色喷在翻糖上进行上色。主要包括点、线、面的制作上色。

（2）色粉刷色：利用毛笔、色粉将颜色有过渡、有选择性地在蛋糕上上色。

（3）彩绘上色：利用毛笔、色素，在蛋糕面上进行彩绘，使蛋糕面有彩画感。

（4）面团上色：在面团中直接加入色素揉匀，使面团呈现均匀色块。

二、各种饼干蛋糕配方

饼干配方

偏甜味饼干面团的配方

配方

低筋粉：200 克
黄油：100 克
糖粉：80 克
蛋液：30 克
香草粉：3 克

制作

1. 将黄油与鸡蛋从冰箱取出，恢复至室温。将所有的原料称好备用。
2. 把黄油放入搅拌盆，用电动搅拌机搅拌至柔软。
3. 把糖粉分两次加入搅拌盆，每次加入都搅拌混合到发白。
4. 将蛋液分两次加入搅拌盆，每次都搅拌均匀。
5. 把香草粉一次性加入搅拌盆，搅至均匀。
6. 把一半过筛的低筋粉加入搅拌盆，搅至均匀。
7. 加入剩余的低筋粉，用橡皮刮刀从盆底刮起，边切边搅拌混合。
8. 搅拌均匀后，用保鲜膜包起放入冰箱，冷藏 30 分钟以上，使其松弛即可。

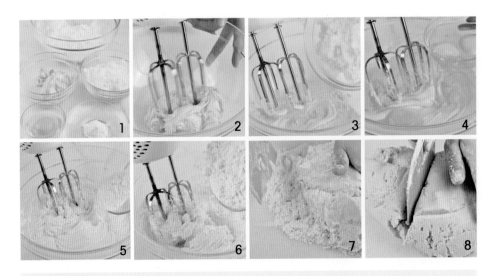

注意事项

1. 香草粉只为提升饼干的香味，不用也可以。
2. 糖粉不可用绵白糖代替，否则烤出的饼干易塌陷。
3. 黄油与鸡蛋从冰箱取出后要恢复至室温再用。
4. 面粉要过筛。

偏咸味饼干面团的配方

配方

低筋粉：200 克
黄油：150 克
糖粉：100 克
蛋液：20 克
奶粉：20 克
香草粉：3 克
杏仁粉：3 克
牛奶：50 克
香葱碎：5 克

制作

1. 把黄油放入搅拌盆，用电动搅拌机搅拌至柔软。
2. 把糖粉分两次加入搅拌盆，每次加入都搅拌混合到发白。
3. 将蛋液分两次加入搅拌盆，每次都搅拌均匀。
4. 将香葱碎加入搅拌盆，搅至均匀。
5. 把奶粉加入搅拌盆，搅至均匀。
6. 把杏仁粉加入搅拌盆，搅至均匀。
7. 把牛奶加入搅拌盆，搅拌均匀至面糊较软。
8. 再将香草粉加入搅拌盆，搅至均匀。
9. 把一半低筋粉加入搅拌盆，搅至均匀。
10. 最后用刮刀将剩余的低筋粉和匀揉成团。

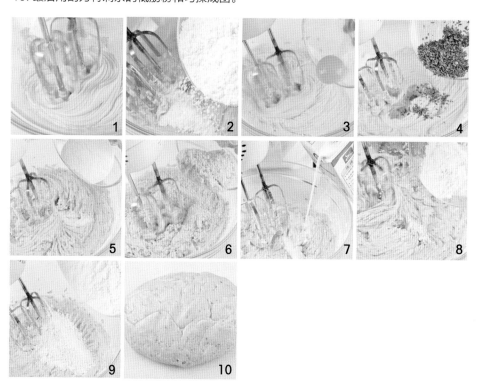

杯子蛋糕配方

一般杯子蛋糕的配方

配方

水：190 克
绵糖：165 克
炼乳：185 克
蜂蜜：80 克
色拉油：165 克
鸡蛋：3 个
低筋粉：112 克
小苏打：6 克

制作

1. 先将水和绵糖煮开，搅拌均匀后冷却至 30℃备用。
2. 将炼乳、蜂蜜、色拉油、鸡蛋放在一起，搅拌均匀。
3. 将低筋粉、小苏打加入，搅拌至无颗粒状。
4. 加入冷却的糖水，搅拌均匀，然后在常温下松弛约 30 分钟。
5. 将做好的面糊用量杯倒入模具内，八分满即可。
6. 以上下火 210℃/160℃烘烤 20 分钟即可。

注意事项

1. 煮开的糖水一定要放凉一些后再加入，水温太高会使小苏打在没有烘烤前就起反应。
2. 低筋粉要过筛，以免有颗粒。
3. 全部搅拌均匀以后松弛的时间要充分，烘烤的温度和烘烤的时间可根据情况来定。

SP 海绵杯子蛋糕的配方

配方

鸡蛋：200 克
绵糖：70 克
盐：1 克
蜂蜜：20 克
低筋粉：120 克
奶粉：10 克
香粉：3 克
色拉油：30 克
水：20 克
SP：9 克

制作

1. 先将鸡蛋、绵糖、盐、蜂蜜放在一起，搅拌至糖化。
2. 加入 SP，充分搅拌。
3. 将低筋粉、奶粉、香粉过筛后加入，搅拌均匀。
4. 加入色拉油，搅拌均匀；加入水，搅拌均匀。
5. 装入裱花袋，挤入模具内，八分满即可。
6. 先以上下火 210℃ /160℃烘烤 10 分钟，再以上下火 180℃ /160℃烘烤 15 分钟，出炉冷却。

注意事项

1. 鸡蛋和绵糖等在搅拌的时候要搅拌至糖化，不要有糖的颗粒。
2. 低筋粉等一定要过筛，以免有颗粒的存在影响产品。
3. 烘烤的时间与烤箱的温度和产品的大小有关。
4. SP 是蛋糕乳化剂。

泡芙杯子蛋糕的配方

配方
牛奶：60 克
黄油：30 克
低筋粉：30 克
蛋液：75 克

制作
1. 将牛奶、黄油放在容器中，加热煮沸。
2. 加入过筛的低筋粉，搅拌烫熟。
3. 离火搅拌，降温至 40℃ 左右，再分次加入蛋液，搅拌均匀。
4. 装入裱花袋，挤在纸杯中，六分满即可。
5. 表面刷上蛋液。
6. 入炉，以上下火 200℃ /180℃，烤约 20 分钟。

注意事项
1. 牛奶和黄油一定要充分煮沸。
2. 低筋粉必须过筛。
3. 加蛋液时必须分次加入。

小贴士
杯子蛋糕起源于英国，最早的时候只是单纯为了利用做蛋糕剩余的面糊，将多余的面糊倒入烤杯中，烘焙成杯子造型，在表面加上奶油、糖霜和糖果等装饰成花俏的小蛋糕，竟意外地受到了人们的喜爱和追捧。

重油蛋糕坯配方

配方

黄油：300 克
绵糖：90 克
全蛋：1 个
蛋黄：6 个
蛋清：6 个
可可粉：75 克
巧克力：275 克
香粉：5 克
低筋：270 克
砂糖：190 克
奶粉：45 克
核桃：270 克
朗姆酒：适量

制作

1. 先将黄油、绵糖打发。
2. 分次加入全蛋、蛋黄，搅拌均匀。
3. 加入事先隔水熔化的巧克力，搅拌均匀。
4. 加入过筛的可可粉和低筋粉，搅拌均匀。
5. 加入朗姆酒，搅拌均匀。
6. 将蛋清和砂糖放在一起。
7. 将蛋清和砂糖打至中性发泡。
8. 取 2/5 打发的蛋清，放入前面的混合物中，搅拌均匀。再将剩余的部分加入，搅拌均匀。
9. 加入核桃仁，拌匀。
10. 注入模具内，抹平。
11. 以上下火 180℃/160℃烘烤至表面上色，再以上下火 150℃/150℃烘烤大约 70 分钟。
12. 出炉冷却后脱模即可。

注意事项

1. 黄油需要搅拌打发。
2. 鸡蛋要分次加入，以免油蛋分离。
3. 加入巧克力时要注意巧克力的温度，温度不可太低。
4. 打发蛋清时，搅拌桶内不可有油脂，蛋清中不可有蛋黄。
5. 加入打发的蛋清后，搅拌时间不要太久，以免消泡。
6. 核桃仁事先入炉烤熟，压碎备用。

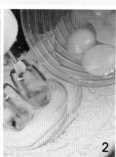

小贴士：蛋糕成功关键点

一、鸡蛋退冰及打发

一般而言，鸡蛋都会存放在冰箱冷藏保鲜。如果温度太低会影响鸡蛋的打发效果，做出来的蛋糕口感便不是那么理想了，为了避免这种情况，在制作之前，必须要先将鸡蛋置于室温下回温。

在制作全蛋式海绵蛋糕时，因为全蛋在38℃左右时可打出最浓稠稳定的泡沫，所以在搅拌打发时还必须移至火上加温才行；如果制作时是用分蛋法，也就是将蛋清和蛋黄分开处理，蛋清打发最适合的温度是17~22℃，在这个温度所打出来的泡沫体积最大且稳定，所以这种情况只要将蛋清稍微回温即可。需要注意的是，蛋清一遇到油脂和水，就会破坏其胶凝性而无法成功地打发，进而影响蛋糕的成败，所以在打发蛋清时，盛装的容器必须干净，无油无水。

二、奶油退冰

奶油冷藏或冷冻后，质地都会变硬，如果在制作前没有事先取出退冰软化，将会难以操作打发。奶油退冰软化最简单的方法，就是取出放置于室温下待其软化，至于需要多久时间则不一定，视奶油先前是冷藏或冷冻、分量多寡以及当时的气温而定，奶油只要软化至用手指稍用力按压，可以轻易压出凹陷就可以了。

如果要使用的奶油量很大，慢慢静置等奶油软化的时间会较长，这时可以将奶油分切成小块，以加快软化的速度；也可以将奶油放于正在预热的烤箱附近，靠些微的热量来加速软化，不过用这种热源加热的方式时，必须特别留意，切勿让奶油熔化，否则将会影响成品的组织及风味。

三、粉料过筛

做蛋糕用到的面粉一般要过筛，就是将称量好的面粉以筛网筛过。视成品需求的不同，有时过筛一次即可，例如戚风蛋糕，有时则需过筛两次，如海绵蛋糕。

过筛的目的，是将面粉里的杂质、受潮结块的面粉颗粒等，借助过筛的动作清除或打散，尤其是制作蛋糕时使用率最高的低筋粉，因为蛋白质含量较低，即使未受潮，放置一段时间之后依然会结块。

除了面粉之外，做蛋糕时通常还会用到泡打粉、玉米粉等其他粉类材料，可以将同一步骤中所需拌匀使用的粉类材料一起过筛，如此不仅方便，更重要的是可以将不同的材料也一起混合均匀了，是一个一举两得的好方法！

三、各种装饰材料配方

蛋白糖霜配方

配方
蛋白粉：50 克
饮用水：100~150 克
糖粉：500~700 克
柠檬汁：20 克

制作
1. 将蛋白粉加入饮用水中浸泡后，用软胶刮板将蛋白粉与饮用水充分搅拌均匀，成为无颗粒状的蛋白膏。
2. 将过筛后的蛋白膏倒入搅拌盆中。
3. 用电动搅拌机的最快速挡搅拌蛋白膏。
4. 将蛋白膏打发至乳白色泡沫状。
5. 加入糖粉，需少量多次加入。
6. 调制的硬度以自己的需求来定（要软，多加饮用水；要硬，多加糖粉），硬度调制好时，加入柠檬汁，再次搅拌均匀后，取出放入冷藏柜即可。

翻糖皮配方

配方
糖粉：2000 克
明胶粉：35 克
葡萄糖浆：150 克

制作
1. 将明胶粉加入水里浸泡至膨松状。
2. 将装有明胶水的容器放入热水中，隔水加热至化开。
3. 在明胶水中加入葡萄糖浆。
4. 将糖浆混合液倒入糖粉中，用勺子将糖浆与糖粉搅拌均匀。
5. 用手揉匀。
6. 将揉匀的翻糖装入密封袋中保存。

小贴士：翻糖

翻糖的英文 fondant 源自法文 fondre，意思是"熔融"。

翻糖可以擀开压模成型，用来覆盖蛋糕，也可以加温或稀释，让它流动，然后在蛋糕表面薄薄地淋上一层，还可以用来调制夹心糖果中的馅料。制作翻糖必须有玉米糖浆，才能结出小晶体。糖浆沸煮完成，冷却一段时间后，就可以开始搅拌，持续约15分钟，直到结晶完成为止。

翻糖分为两种，一种叫干佩斯，是制作花朵时用的，因其干的速度快，所以才用来做花；另一叫糖膏（翻糖皮），是用来制作包面、花边纹路处理、捏塑卡通造型的材料，与干佩斯相比这种材料较软，干的速度慢，上面介绍的就是这种翻糖皮的制作方法。干佩斯一般是买现成的。

蕾丝配方

工具和材料

制作蕾丝需要蕾丝粉及电动搅拌机
等工具和材料，如右图所示。

配方

蕾丝粉：20 克
开水：25 克

制作

1. 在称好的蕾丝粉中加入烧开的热
水，冲泡均匀。
2. 用电动搅拌机快速打至发白。
3. 将打好的蕾丝膏涂抹在模具中，
抹平，模具边缘处理干净后放置干
燥处晾干。
4. 晾至蕾丝表面不粘手即可脱模使
用。

1　　**2**　　**3**　　**4**

保存方法

1. 蕾丝粉需密封干燥保存。
2. 蕾丝膏易风干，用多少打多少，不要多做，操作时注意速度要快，以免影响后期制作，
没用完的蕾丝膏可以用保鲜膜密封好放入冰箱，再用时用微波炉加热后搅拌均匀即可。
3. 脱模后的蕾丝没有及时使用时，应放在密封盒中密封保存，无需放干燥剂。

装饰奶油配方

配方
蛋黄：1 个
绵糖：25 克
低筋粉：10 克
牛奶：100 克
香草荚：1/4 根
鲜奶油：50 克

制作
1. 先将蛋黄和绵糖混合拌匀。
2. 加入过筛的低筋粉，充分搅拌均匀，备用。
3. 将牛奶、香草荚加热煮沸。
4. 煮好后过滤一次。
5. 慢慢倒入低筋粉糊中，搅拌均匀。
6. 再以边煮边搅的方式煮至浓稠，冷却备用。
7. 加入打发的鲜奶油，混合拌匀，冷藏备用。
8. 可装入裱花袋中，挤在杯子蛋糕表面进行装饰。

四、制作翻糖蛋糕的小技巧

1. 搓圆球的技巧
将两手掌伸平，把圆球放在两只手的大拇指肌肉处，下手掌不动，上手做滚圆的动作。许多人会把圆球放在掌心处搓，这样很难搓圆，因为掌心处有凹陷，不平整。

2. 搓长条的技巧
与搓圆球一样，也是用大拇指的肌肉处搓长条。如果长条又细又短可放于掌心搓，如果又长又细就要用直尺在桌子上搓。

3. 用模具填压糖皮的技巧
把翻糖搓成圆球放在模具中，用手掌压平，刀片放平切掉多余的部分即可。

4. 花卉上色的技巧
花卉上色时，最好用翻糖专用色粉刷上去，这样会显得自然而逼真。

5. 翻糖造型定型的技巧
翻糖皮在未干前是软的，如果有需要定型的配件，就要找些能达到定型效果的工具或材料支撑在糖皮里，常用的有纸、塑料膜等。

6. 尽量用模具切割图形
用模具切割图形又快边缘又整齐，大小好控制，特别是店面量化生产翻糖蛋糕时，装饰件最好都用模具来切割，尽量少用雕刻刀去切。

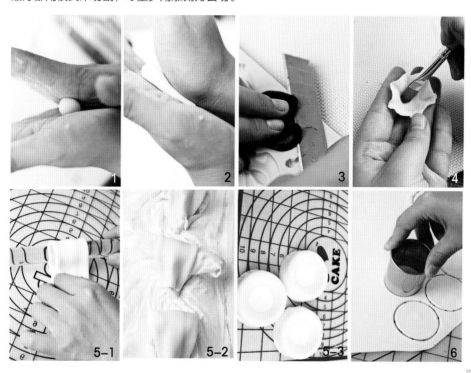

7. 提升蛋糕档次的技巧

在配件上扫上珠光粉会让蛋糕看起来档次更高，还有遮盖粗糙点的作用，如果想要整个蛋糕面都有珠光粉，就要用酒精加上珠光粉放在喷枪里，用喷色法整体喷在蛋糕面上。

8. 比照纸型切糖皮的技巧

有些形状需要事先画在纸型上，剪下来后放在糖皮上，再沿着边缘切下来。在切边时要用干净锋利的刀片。每切一次都要用湿毛巾擦一下刀片后再切下一刀，这样切出的糖皮不会有毛边。刀片最好选用专业雕刻刀，这种刀片薄且品种多，选择性大。

9. 切割线条的技巧

切割线条时要借助工具，可以用尺子量好长宽定好位置再切割糖皮。

10. 蛋糕有时需要倾斜放置

用蛋白糖霜挤边时，侧边很难挤整齐，把蛋糕面倾斜放置就方便操作了，可以用手托起蛋糕，也可用可以倾斜的转盘。

11. 晾干翻糖皮的技巧

切好的翻糖皮要放在干燥背阴处晾干，面板要撒点淀粉防粘，要多翻动糖皮，防止背面的水气太重而粘在面板上，不要将糖皮放在太阳下直晒，糖皮太厚易裂口，太薄易翘起。

12. 用长翻糖皮贴边的技巧

用糖皮为蛋糕贴一圈时，为了让接头只有一个，通常会用很长的糖皮，太长的糖皮如果用两只手去拿，中间就会断裂，此时就要将擀好的糖皮卷起来后再拿。

13. 涂蛋白糖霜的技巧

先用硬质蛋白糖霜勾出轮廓，再用软质糖霜填色，糖霜现打现用效果较好。

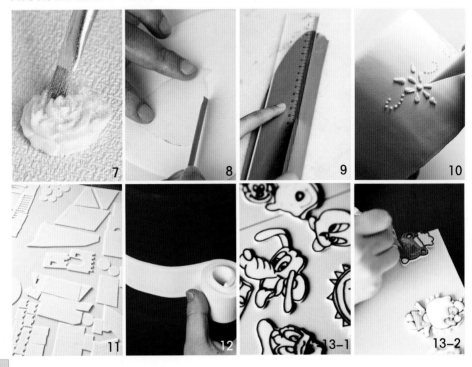

五、翻糖蛋糕侧面装饰技法

1. 直接在面上压出花纹

2. 缎带花边

制作这种花边时糖皮要擀薄一些，且两端的长宽要一致，否则就会显得粗糙。

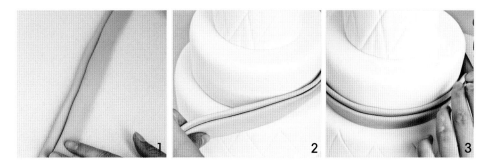

3. 压模贴边

用模具把糖皮压出各种形状，贴在蛋糕的侧面。压模时要注意模具切口要干净，每压一次都要擦去残留在模具上的糖料，防止压下一个时会使其边缘毛糙。

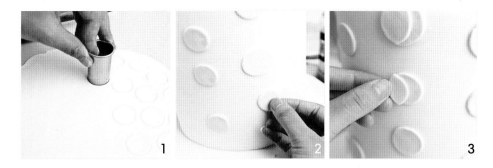

4. 蕾丝边

先在纸上画出图形，再放上一张透明玻璃纸，顺着图形先用硬质蛋白糖霜挤轮廓，再在里面填上软质蛋白糖霜，待晾干后再拼装到蛋糕上，这样的装饰手法会让蛋糕看起来立体感强，很有档次。

  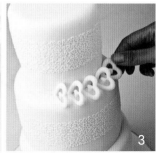

5. 蛋白糖霜花边

如果有打花边的功底就可以运用这种技巧了，这种方法装饰出来的边具有很强的创意性，相比较而言是很难的一种手法。

6. 刺绣的手法

先在蛋糕面上画出大概的轮廓线，再用蛋白糖霜从边缘开始向中间一层层地拉出细线条，拉线条的蛋白糖霜一定是现打现用的硬质蛋白糖霜为好。

7. 线条贴边

用滚轮刀切出长宽一致的线条，在每一条糖皮上蘸上糖水再贴在面上。

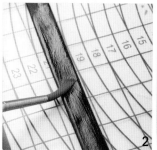

8. 浮雕法

1）填蛋白糖霜：这种方法装饰出来的蛋糕给人一种很强的艺术设计感，就是时间上会慢些，因为要等一部分干后再填另一部分。

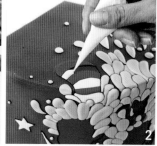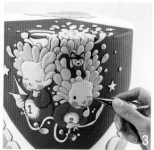

2）蛋白糖霜浮雕：把蛋白糖霜挤好后，用毛笔从边缘向中心刷出纹路，此时花边会出现边缘厚中间渐渐变薄的效果。

9. 手绘装饰

用毛笔蘸上食用色素在蛋糕侧面画出图案，也可用喷绘的方式上色，不过这两种手法都要有美术功底，才能画出层次分明的图案。

10. 裙边

压好的圆形糖皮再把边缘擀出褶皱，这种边很像女孩的裙边，所以也叫裙边。

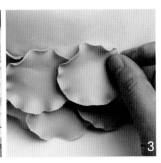

11. 褶皱裙边

制作这种花边时把边缘用球形棒先擀薄，再用尖形棒压出不规则的边。

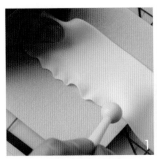

12. 立体的花卉装饰

装饰时要注意花朵不要大，否则会掉下来，各种花卉均可用来装饰侧面。

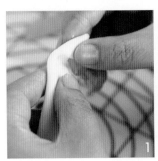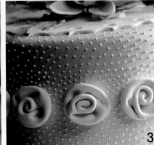

六、翻糖蛋糕常用构图

1. 对半

对半构图，可以是把一条面片放在蛋糕的中间进行分割，也可以是两半采用不同的颜色。

2. V 形

如图所示的 V 形构图，把黑色面皮呈倒三角放在蛋糕中间，在 V 形开口处放上三朵大花。

3. 线呈面式

线可以是直线也可以是曲线，线必须有很多才能有面的感觉，线多的蛋糕表面要装饰得越简单越好。

4. 点呈面式

点可以是几何图形，也可以是自然图形或是抽象的图形。左图为几何图形，右图为自然图形。

5. 对称

围绕整个蛋糕面摆成一圈，大小、形状、颜色等重复出现。

6. C 形

左图整个花束呈 C 形摆放，可在缺口处放上主题。右图在线的消失处放上主题。

7. 排队

相同的构图层层排列起来。

七、翻糖蛋糕常用装饰

1.点线结合

点线结合的蛋糕大多用在多层蛋糕上，点为圆点，线为垂直线。

2.桌布、窗帘的造型

桌布、窗帘产生的褶皱感呈现出一种浪漫居家的效果。

3.多线条

线条多些，蛋糕顶部装饰就可以少些。

4. 造型蛋糕

这类蛋糕是把蛋糕坯削成所需形状，再在上面包上翻糖皮，如果坯子比例不对，那么出来的成品也就不好看了。

5. 蝴蝶结、缎带

蝴蝶结、缎带这两种形状会让人想到礼物及女孩子的裙带，能表现出女性化较强的特点。

第二部分
翻糖制作实例

1 在饼干的表面裱上黑色蛋白糖霜（下面简称糖霜），待糖霜干了以后，再挤上粉色糖霜，形成大象的形状。

2 接着在粉色象上用黑色糖霜挤出耳朵的轮廓，点上眼睛。

3 用白色、粉色糖霜挤上小星星。

4 用黑色糖霜挤上小星星。

001
大象的幸福世界

1. 用大红色糖霜填满饼干的表面，等待完全晾干。

2. 接着用白色糖霜在婴儿衣服的表面点上小白点，点满整件衣服。

3. 待糖霜干后，再用黑色糖霜挤上衣袖和衣领的部分。

4. 在衣服的中间挤上一棵小松树，最后用白色糖霜（硬质）描绘衣服的轮廓和细节即可。

002
宝贝快快长大

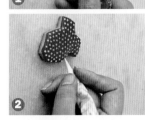

我们
一定会
幸福的
003

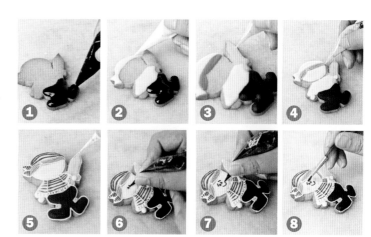

1　用黑色糖霜挤出人物裤子的形状。

2　用白色糖霜挤出衣服和帽子的形状。

3　待糖霜干后，用橙色糖霜挤出头发的形状，用黄色糖霜挤出宝剑的形状。

4　用肉色糖霜挤出脸的形状，待干后，用黄色糖霜（硬质）勾勒出头发的线条。

5　用红色糖霜（硬质）挤出线条，用白色糖霜（硬质）勾勒出整个轮廓细节。

6　用黑色糖霜（硬质）挤上细线条，勾勒出人物的眼睛。

7　用黑色糖霜（硬质）挤上眉毛和嘴巴部分的线条。

8　最后，用勾线笔蘸上红色色粉，在脸部的两边画出腮红的部分即可。

1 把调好的白色糖霜裱在饼干表面，风干待用。

2 用黑色糖霜（硬质）勾出信封的部分线条。

3 用黑色糖霜（硬质）勾出猫尾巴。

4 沿着饼干的边继续勾。

5 勾线条时一定要保持流畅。

6 最后用红色糖霜画出星状图案即可。

004
远方来信啦

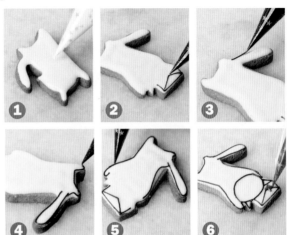

卡通
明星
机器猫
005

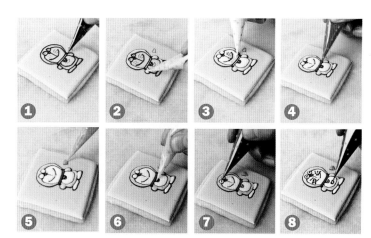

1 在饼干上裱上淡绿色糖霜，风干后，再用黑色糖霜（硬质）画出机器猫图案的线条。

2 把调好的蓝色糖霜裱在画好的黑色线里。

3 把白色糖霜裱在卡通的脸部、身体上、脚上。

4 把红色糖霜裱在脖子上和鼻子上。

5 用粉色糖霜裱出爱心。

6 用黄色糖霜画出脖子上的小铃铛。

7 用黑色糖霜（硬质）裱出眼睛。

8 用黑色糖霜（硬质）画出细节部分即可。

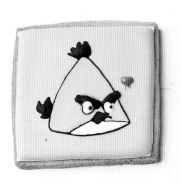

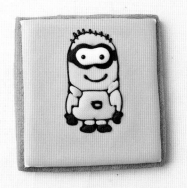

1 在饼干的表面裱上浅绿色的糖霜，待糖霜干后，再用黄色的糖霜挤出卡通的形状。

2 接着用白色的糖霜挤上眼睛，用粉色的糖霜在饼干的空白处挤上爱心。

3 待糖霜干了以后，用黑色的糖霜（硬质）挤出细线条，勾勒出卡通的形状和细节。

4 最后，再用黑色糖霜（硬质）勾勒出粉色心形的轮廓即可。

006
卡通齐卖萌

潮人
你我他
007

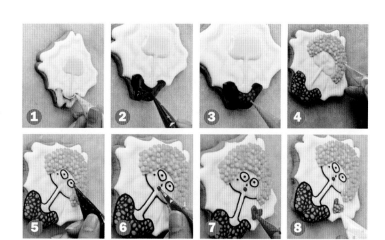

1 在饼干上裱上白色糖霜，风干后，再用肉色的糖霜挤出人物的脸部和脖子的形状。

2 用紫色的糖霜在脖子的下部挤上身体的部分。

3 用紫红色的糖霜在衣服上挤上小点点，装饰衣服。

4 用白色的糖霜挤上眼睛，用橙黄色的糖霜先填上头发的部分，晾干后，再用橙黄色和黄色的糖霜（硬质）在头发上挤上点点，形成蓬蓬头。

5 用黑色的糖霜（硬质）勾勒出眼睛等部分的轮廓和细节。

6 再用红色的糖霜（硬质）挤上嘴巴的部分。

7 用橙红色糖霜挤上一个心形。

8 最后用白色糖霜在心形上挤上小白点即可。

1 在饼干的表面裱上白色糖霜，待糖霜干了以后，用勾线笔蘸上黑色色膏，勾勒出猫的轮廓。

2 在小猫的身体一侧勾画出猫尾巴的部分。

3 用勾线笔蘸上红色色膏，点上两个小圆点，涂出红红的脸蛋。

4 最后，用勾线笔蘸上蓝色色膏，在饼干的空白处画上小星星进行点缀。

008

朋友你要记得我

圣诞
快乐
009

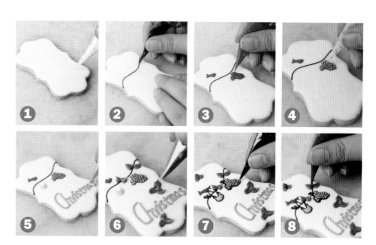

1 用白色糖霜（硬质）挤上细线条，勾勒出饼干的轮廓，再用白色糖霜填满饼干的表面，等待完全晾干。

2 用黑色糖霜（硬质）挤出细线条，形成 S 形的绳子的部分。

3 待糖霜干后，用红色糖霜挤出小衣服等部分（可以换造型也可以换颜色）。

4 用白色糖霜在小衣服上点上小白点，装饰一下。

5 用蓝色糖霜挤上小图案，用黄色糖霜（硬质）挤上英文字母。

6 用墨绿色糖霜（硬质）挤上叶子，边挤边上下抖动。

7 用黑色糖霜（硬质）勾勒出小衣服的轮廓细节。

8 最后把红色糖霜（硬质）挤在叶子中间即可。

1 用白色糖霜（硬质）挤上细线条，勾勒出饼干的轮廓，再用白色糖霜填满饼干的表面，等待完全晾干。可以填满整个饼干也可以留下一些空白处不填。

2 用白色、黑色糖霜（硬质）在四周挤上一圈小点，用勾线笔蘸上黑色色膏，从饼干的一边开始画上弯曲的线条。

3 画满饼干的表面（纹路可以自由发挥）。

4 蘸上红色色膏，画上一个爱心即可。

●010
繁花落寞

感觉
萌萌哒

011

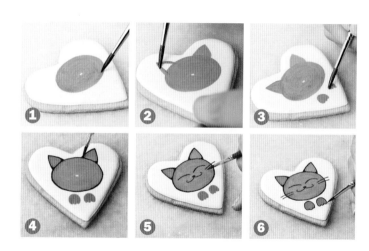

1 在饼干的表面裱上白色糖霜，待糖霜干了以后，用毛笔蘸上橙色色膏画出一个椭圆形。

2 接着在椭圆形的上部两侧，勾勒出两只耳朵的轮廓，涂满色。

3 在头部的下方涂画上两只小爪子。

4 用勾线笔蘸上黑色的色膏，勾勒出头部的轮廓。

5 继续蘸上黑色色膏勾画出小猫的表情和胡须（小猫的表情可以根据自己的喜好改变）。

6 最后勾勒出小猫爪子的轮廓即可。

1 在饼干上裱上调好的白色糖霜，风干。用勾线
笔画出美女的轮廓。

2 用勾线笔蘸上红色的食用色素，画出美女的头
花。

3 在头花中间裱上调好的红色糖霜装饰。

4 用勾线笔画出美女的嘴唇。

012
美女如云

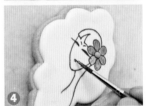

海盗来啦

013

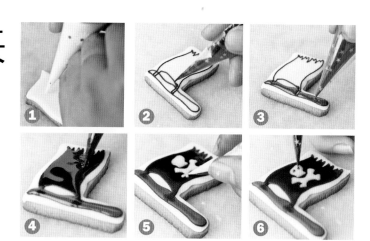

1 用白色糖霜（硬质）挤上细线条，勾勒出海盗旗子的轮廓，再用白色糖霜填满饼干的表面，等待完全晾干。

2 用黑色糖霜（硬质）挤出细线条，勾勒出海盗旗细节的部分。

3 待糖霜干后，用咖啡色糖霜填色，挤出海盗旗杆部分。

4 再用黑色糖霜填满海盗旗的表面，等待完全晾干。

5 用白色的糖霜在海盗旗的中间挤上骷髅头图案。

6 最后用黑色糖霜点上骷髅眼睛、嘴即可。

卡通明星在这里
014

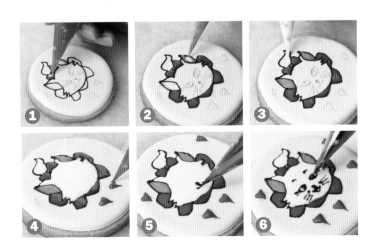

1 在圆形的饼干底上裱上淡粉色糖霜，风干，用黑色糖霜（硬质）画出卡通猫的线条。用红色糖霜裱出卡通猫红色的部分。

2 用粉红色糖霜裱出卡通猫粉红色的部分。

3 用白色糖霜裱出卡通猫脸部的相应部分，风干。

4 用红色糖霜裱出一个个爱心图案。

5 用黑色糖霜（硬质）画出卡通猫的鼻子、嘴巴。

6 用黑色糖霜（硬质）画出卡通猫的眼睛、胡子等即可。

1 在饼干上裱上糖霜，等糖霜干后，用黑色糖霜（硬质）裱出设计好的线条。椅子的腿、椅子的边框等线条都要裱出来，这样看上去更有设计感和立体感。

2 裱线的线条要很细，不能断开。

3 裱出椅子背的线条。

4 用糖霜裱出椅子腿、边框、后背，再画出椅子上的装饰图案即可。

015
可爱家居

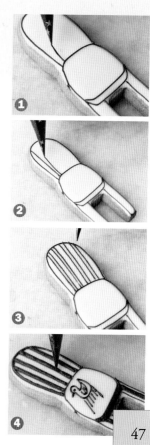

❶

❷

❸

❹

幸福
像
花一样
016

1 用白色糖霜（硬质）挤上细线条，勾勒出饼干的轮廓，再用浅绿色糖霜填满饼干表面，等完全晾干后，压一片椭圆形的白色翻糖皮，粘在饼干的中间处。

2 用土黄色糖霜（硬质）围着白色翻糖皮挤上一圈糖霜，边挤边上下抖动，形成纹路。

3 待糖霜干后，把翻糖搓成小花，蘸上水粘在饼干上。翻糖可调成深浅不同的颜色。

4 再用土黄色糖霜（硬质）挤上自己喜欢的字母装饰。

5 用深绿色的糖霜（硬质）在小花的周围挤出叶子的形状，挤叶子时要上下抖动以形成纹路。

6 最后用土黄色糖霜（硬质）再挤上叶子即可。

1 用肉色糖霜先裱出圣诞公公脸部的形状。

2 接着再围着脸部裱上浅粉色的糖霜。

3 待糖霜干后，用白色糖霜（硬质）挤上眉毛，以画旋涡的方式挤上胡子的纹路。

4 用肉色糖霜挤上鼻子，用白色糖霜挤上八字胡等。

5 用红色、黑色糖霜挤出嘴部细节，用黑色糖霜（硬质）挤上细线条，勾勒出眼镜的形状。

6 最后用黑色糖霜（硬质）点上眼睛即可。

017
吉祥
平安夜

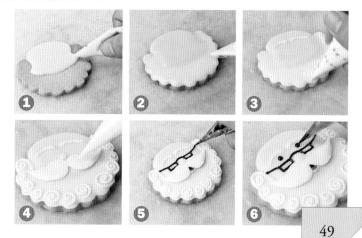

明星
大集合
018

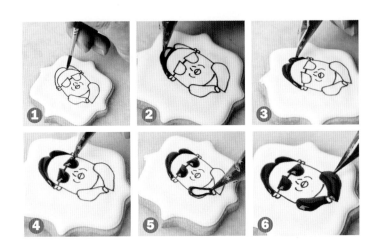

1 在饼干表面裱上调好的白色糖霜，风干后用勾线笔画出人物的线条。

2 用调好的黑色糖霜裱出人物的头发。

3 一定要注意头发的形状。

4 用黑色糖霜裱出眼镜。

5 裱出左边的衣领。

6 裱出右边的衣领。

杯子
蛋糕

女人
如花
019

1 先在杯子蛋糕上放上一张咖啡色的翻糖皮。

2 把黄色翻糖擀成一张糖片，用刀片刻出字母的形状（可以根据自己的需要来选择字母）。

3 把刻好的字母贴在杯子蛋糕中间的位置。

4 擀出一张黑色翻糖皮，用五瓣花压模压出小花，粘在字母中间。

5 把白色翻糖擀成片状，用小一号的压模压出小花，粘在花的中间处。

6 同样再放上一朵黄色的小花。

7 在小花中间，搓个圆球当花心。

8 最后，在杯子蛋糕空白处，用毛笔蘸上银粉画上圆点点，点缀装饰即可。

1 用调好的咖啡色翻糖做一个小花盆，风干后装入蛋糕待用。

2 在白色的绵糖中放一两滴咖啡色色素，调成沙土的颜色，铺在杯子蛋糕中。

3 用调好的绿色翻糖做多肉的叶瓣，要从小到大按顺序做好。

4 按从小到大的顺序插入绵糖中，这样一小盆多肉就完成了。

020
多肉的世界

仙人球开花啦

021

1 把棕黄色翻糖擀成一张糖片，厚为0.5厘米，压成一个圆形后包在杯子的外面，晾干定型后，放入蛋糕，表面撒上调过色的绵糖装饰备用。

2 把绿色翻糖搓成一个圆球，扎在花枝上。

3 用切刀捏塑棒把圆球分为六瓣，压出纹路。

4 再用尖针在上面挑出洞来，看起来像仙人球刺的部分。

5 用毛笔蘸上绿色色膏，在缝隙处刷上颜色。

6 用勾线笔蘸上玉米淀粉，在每个小洞处扫上白点，仙人球就制作好了。

7 用镊子夹住仙人球，放到杯子蛋糕上。

8 最后在最高的仙人球上贴上一朵小花即可。

1　将烤好的杯子蛋糕上包上绿色的翻糖皮，再用咖啡色翻糖做出花盆，放上做好的各色小花。

2　放上紫色的小花，感觉更丰满一些。

3　放上黄色的小花。

4　最后再看一下，整体的颜色要平衡。

022

竞相开放

我想去看看

023

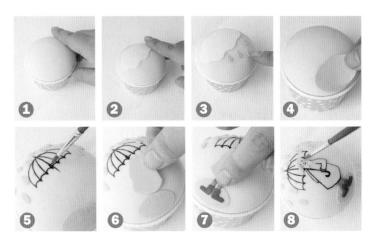

1 准备两个杯子蛋糕，先在两个杯子蛋糕上各放上一张蓝色的翻糖皮。

2 把白色翻糖擀成糖片，刻出云朵的形状，贴在一个杯子蛋糕的上端。

3 把深蓝色翻糖擀成一张糖片，用刀片刻出一个个水滴状，贴在白云的下面，一个杯子蛋糕完成。

4 用深蓝色翻糖做一片椭圆形的糖片，贴在另一个杯子蛋糕的下端。

5 上端贴上深蓝色的翻糖做成的水滴，用勾线笔蘸上黑色色膏，画出雨伞的部分。

6 擀一张嫩绿色的翻糖皮，划出女孩的身体部分，贴在雨伞的下面。

7 根据图示，再把相应颜色的翻糖擀成糖片，刻出其他部分，贴上。

8 最后，再用勾线笔画出细节，在脸部的两边画出腮红，另一个杯子蛋糕完成。

1. 在烤好的杯子蛋糕上，放上一片圆形白色翻糖皮。

2. 用勾线笔画出事先设计好的玫瑰花图案，要画三朵形状不同的。

3. 用勾线笔蘸上绿色色素，在画好的叶子上填满绿色。

4. 最后在玫瑰花上填上红色色素。

024
亭亭玉立

我们结婚吧

025

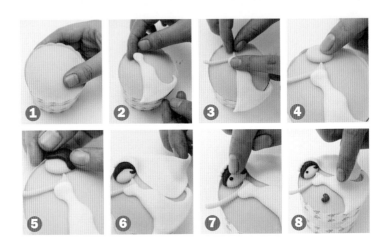

1 先在杯子蛋糕上放上一张粉色的翻糖皮。

2 用白色翻糖捏制一个新娘的身体部分，穿着婚纱的样子。

3 再用肉色的翻糖捏出人物的脖子和胳膊，贴在身体上。

4 接着再搓一个圆球压扁，当新娘的头部（圆球不要太大）。

5 在头部圆球的二分之一处，贴上头发的部分。新娘的发型和发色，可以根据个人的喜好去选择，这里采用的是咖啡色的翻糖。

6 擀一张白色的翻糖皮，用刀片划出新娘头纱的部分，贴在头发上。

7 再用黑色的翻糖搓个小圆点，当新娘的眼睛。

8 最后，用红色翻糖捏一个心形，贴在杯子蛋糕空白处。

1 将烤好的杯子蛋糕上包上绿色翻糖，然后用翻糖以捏塑的手法做一朵小花。

2 在烤好的杯子蛋糕上包上绿色翻糖，然后用翻糖以捏塑的手法做一朵小野菊。

3 在烤好的杯子蛋糕上包上绿色翻糖，然后用翻糖以捏塑的手法做一个多肉植物。

4 在烤好的杯子蛋糕上包上绿色翻糖，然后用翻糖做一朵黄色小菊花。这样 4 种不同的杯子蛋糕就完成了。

026
小清新的世界

❶

❷

❸

❹

星座的
世界
027

1 先在杯子蛋糕上放上一张黄色的翻糖皮。

2 用圆球形捏塑棒，沿着杯子的边缘，把翻糖皮向里压下，形成波浪纹路。

3 用白色的翻糖擀一张糖片，用刀片刻出螃蟹身体的形状，贴在杯子蛋糕的中间。

4 接着再用刀片刻出螃蟹腿的部分，贴在身体的两边。

5 紧接着贴上眼睛的部分。

6 再粘贴上螃蟹大钳子的部分。

7 同样用白色翻糖切出五角星的形状，贴在螃蟹身体的中间处。

8 最后，用毛笔蘸上黄色色膏，沿着五角星的边缘刷上颜色，用黑色的翻糖搓两个小圆点粘在眼睛上即可。

1 在一块做好的翻糖皮上，放上事先画好剪好的乌婆脸，刻下来。

2 将刻下来翻糖皮用画笔画出乌婆头发的轮廓。

3 把头发涂成红色，画出眼睛、鼻子、嘴巴等。

4 在头发上画出一些纹路，最后把做好的乌婆脸贴在杯子蛋糕面上，再用文字、图形等进行适当装饰即可。

028
万圣节快乐

城里的
月光

029

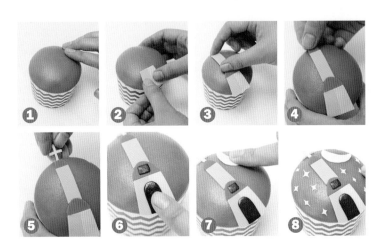

1 先在杯子蛋糕上放上一张蓝紫色的翻糖皮。

2 用绿色和黄色的翻糖各擀一张糖片，用刀片刻出两个长条的形状，贴在杯子蛋糕的底端。

3 再用红色的翻糖擀一张糖片，用刀片切出半圆形，贴上，上面再贴上一块绿色的糖片。

4 顶端再贴上一片红色的半圆形糖片，一个塔楼的造型就出来了。

5 用刀片刻一个黄色的十字架，贴在顶端。

6 擀一张黑色的翻糖皮，用刀片划出房子门窗的形状，贴上。

7 用白色的翻糖擀成片状，刻出月亮的形状，贴上。

8 最后，裁出星星的形状，贴在杯子蛋糕空白处即可。

1 在做好的杯子蛋糕上包上粉色的翻糖，再用不同的颜色做出小熊的头部和身体等部分。

2 再做出小熊腿部。

3 在小熊脚部放上一个毛线球即可。

030
童话的世界

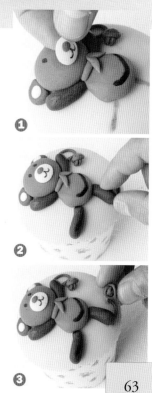

繁花
似锦

031

1 准备一块蓝色翻糖,搓成圆球,把圆球的中间捏制压薄,把白色翻糖放入其中,再搓成一个圆球。

2 把圆球慢慢捏制压扁,延展开后,包在杯子蛋糕上。

3 用紫色翻糖擀成一张糖片,用心形压模,压出一个个心形。

4 把压好的心形糖片尖端一头折起来,捏紧,形成花瓣。

5 用四个花瓣拼成一朵花,把花粘满杯子蛋糕的表面,在每朵花的中间压出一个凹槽。

6 用黄色翻糖搓成小圆球,当作花朵的花心即可。

1. 把烤好的杯子蛋糕上包上绿色翻糖，用咖啡色翻糖做一个布袋熊的娃娃头，用不同颜色的翻糖皮及色膏进行装饰点缀。

2. 用红色翻糖做出围巾。

3. 围巾是有设计感的，用捏塑的手法做出来更像，粘上。

4. 用捏塑的手法做出布袋熊的两个大大的耳朵，用粉色翻糖点缀，这样看上去就更漂亮了。

032
花样年华

❶

❷

❸

❹

看我
能干吧

033

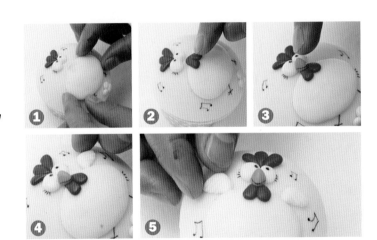

1 将做好的杯子蛋糕上包上白色翻糖，用白色翻糖做一个小鸡的身体。接着做出小鸡的眼睛和鸡冠，在小鸡的下面做几个鸡蛋装饰，用勾线笔画出鸡爪和音符，这样看上去大体形状就完成了。

2 用红色翻糖做出造型，粘上。

3 用橙色翻糖做出鸡的嘴巴，粘上。做时要注意每个部分的比例。

4 做出右边的小鸡翅膀，粘上。

5 做出左边的小鸡翅膀，粘上。

1 将烤好的杯子蛋糕上包上白色翻糖，再用绿色的翻糖捏一个圣诞靴的形状，粘上做好的五角星装饰。

2 做出圣诞靴的红色边，粘上五角星装饰。

3 用绿色和红色翻糖做出圣诞靴的带子。

4 在杯子蛋糕上粘上五角星。

034
节日的气氛

披头士
035

1 先把土黄色翻糖擀成一张糖片，压出一个圆形，放在杯子蛋糕上。

2 用勾线笔蘸上黑色色膏，先勾勒出人物的头部轮廓。

3 大面积涂抹上头发的部分。

4 用勾线笔蘸上黑色色膏，画出面部特征的细节部分。

5 用勾线笔再蘸上黑色色膏，在头部下方空白处，写上英文字母。

6 最后将字母细节处理一下即可。

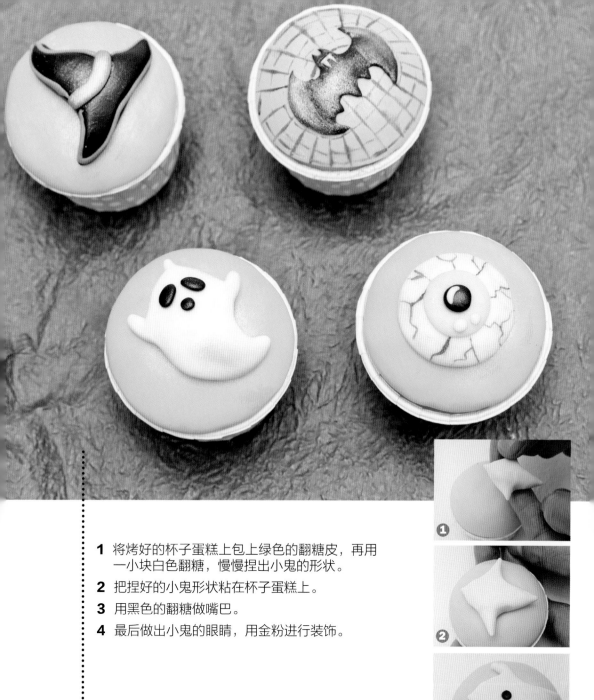

1 将烤好的杯子蛋糕上包上绿色的翻糖皮，再用一小块白色翻糖，慢慢捏出小鬼的形状。

2 把捏好的小鬼形状粘在杯子蛋糕上。

3 用黑色的翻糖做嘴巴。

4 最后做出小鬼的眼睛，用金粉进行装饰。

036
魔鬼的世界

满满
都是爱
037

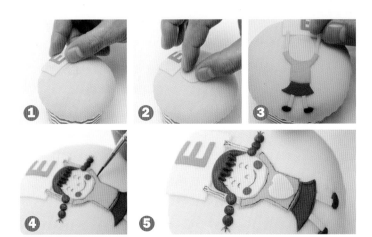

1 将烤好的杯子蛋糕上包上绿色的翻糖，再用黄色和橙色翻糖进行装饰。

2 用肉色翻糖片切一个圆形，粘上。

3 再如图示用相应颜色的翻糖片做出人物的轮廓。

4 用翻糖片做出头发，粘上，用勾线笔勾出细节部分。

5 用翻糖片做出心形图案，粘上。

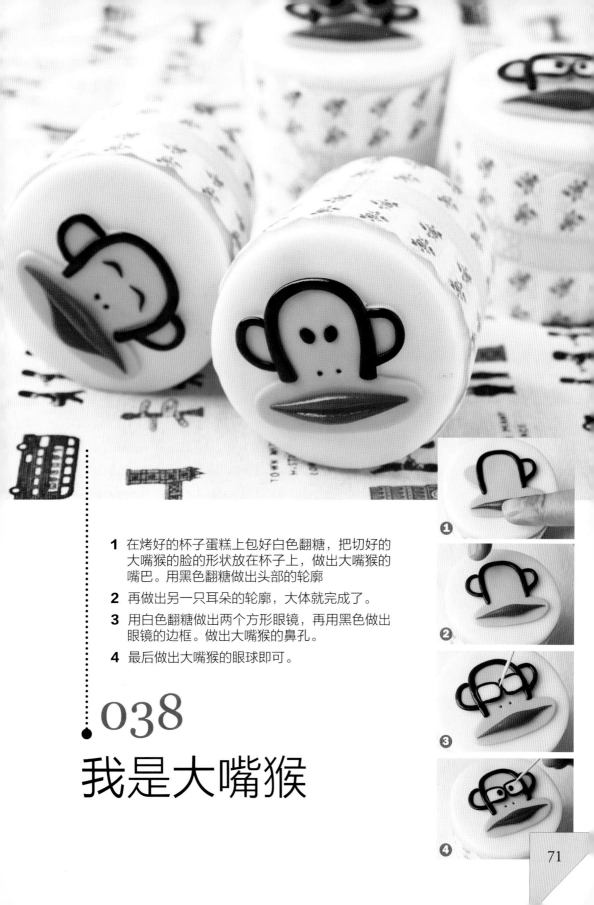

1 在烤好的杯子蛋糕上包好白色翻糖，把切好的大嘴猴的脸的形状放在杯子上，做出大嘴猴的嘴巴。用黑色翻糖做出头部的轮廓

2 再做出另一只耳朵的轮廓，大体就完成了。

3 用白色翻糖做出两个方形眼镜，再用黑色做出眼镜的边框。做出大嘴猴的鼻孔。

4 最后做出大嘴猴的眼球即可。

038

我是大嘴猴

美少女

039

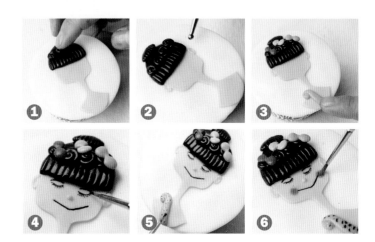

1 把烤好的杯子蛋糕上包上白色翻糖，用肉色翻糖片切出身体上部的轮廓，粘上。用黑色翻糖做出头发，粘上，可用牙签压出头发的纹理。

2 用捏塑棒压出耳朵的形状。

3 用红色、蓝色、粉色翻糖做出头花和围巾，粘上。

4 粘上鼻子，用勾线笔画出眼睛和嘴巴。

5 用勾线笔画出女孩围巾黑色的点状纹理。

6 用勾线笔蘸上红色色粉，在脸部的两边画出腮红即可。

1. 将烤好的杯子蛋糕上包上白色翻糖，然后用红色和黄色翻糖切出脸部、头发，贴在蛋糕上，再把做好的头花放上。

2. 用牙签上压出头发的纹路。

3. 在头花边上加上白色翻糖进行装饰，再对面部进行点缀装饰即可。

040

可爱的胖囡囡

❶

❷

❸

一生
一世
都爱你
041

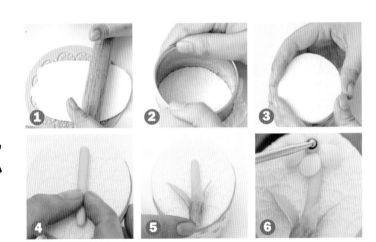

1 把白色的翻糖擀成一张糖片，放在蕾丝模具中，压出纹路。

2 用模具压出一片。

3 把压有花纹的糖片，放到杯子蛋糕的表面。

4 用嫩绿色翻糖搓一根长条，粘上。

5 再把嫩绿色的翻糖擀成糖片，用叶子的压模，压出叶子的形状，用毛笔蘸上绿色的色膏，在花枝和叶子的根部刷上绿色，把叶子蘸点水粘到花枝上。

6 最后用白色翻糖压出花瓣，拼成一朵小花，加上花心即可。

1 先在纸上画好史努比，裁好，放到做好的翻糖皮上，比照着刻出史努比的形状。

2 把烤好的杯子蛋糕上包上紫色的翻糖皮，把刻出的史努比放在上面。

3 用黑色翻糖做一个史努比的鼻子，粘上，大小比例要合适。

4 再用黑色翻糖做一个史努比的耳朵，水滴形，粘上。

5 用红色翻糖做一个围脖，粘上。

6 最后用黑色翻糖做出眼睛，粘上，边上用白色翻糖进行点缀即可。

042

我是史努比

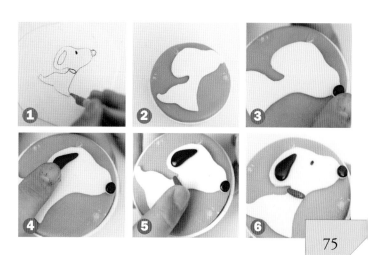

悠闲的
生活
043

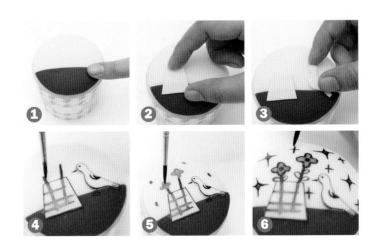

1 先把白色翻糖擀成一张糖片，压出一个圆形，放在杯子蛋糕上。用咖啡色翻糖擀成一张糖片，压出半圆的形状，贴在杯子蛋糕的下部，约占蛋糕面的三分之一。

2 用白色翻糖片切一个梯形花瓶，贴在杯子蛋糕上。

3 用刀片再切一个小鸟的形状，贴在杯子蛋糕上。

4 用勾线笔蘸上黑色色膏，画出瓶子和小鸟的轮廓和细节。

5 再用勾线笔蘸上橙黄色色膏，画出小花等。

6 最后勾画出星星等即可。

创意
翻糖
蛋糕

1 用白色的翻糖皮包在烤好的重油蛋糕上，在蛋糕下边围上一圈蓝色翻糖皮进行装饰。将做的翻糖配件小鱼和雪花等粘在蛋糕面上。做几个翻糖小球放在蛋糕顶面。

2 用翻糖做三个不同款的小企鹅，放到蛋糕顶面上，作为蛋糕装饰的主体。

3 在蛋糕的底部做一个蓝色蝴蝶结装饰，在小企鹅的身后放上字母和数字等，这样一个完整的翻糖蛋糕就完成了。

044

冰河时代

045

花的世界

1 先用白色翻糖和黑色翻糖包两个蛋糕面，然后在白色的面上绘出设计好的图案。

2 用黑色的线条勾边。

3 把提前做好的蕾丝粘在黑色的蛋糕面上，要粘在蛋糕中间的部位。

4 把粉色翻糖皮放在模具中压出叶子的形状，粘在蛋糕的底部。

5 用模具压出小鸟的形状，粘在蛋糕的边上。

6 顶部放上做好的玫瑰花。

我想喝咖啡

1 用粉色翻糖包一个蛋糕面，再用白色翻糖包一个小一点的蛋糕面，叠成两层蛋糕，切一大片粉色翻糖片放在上层蛋糕顶面。在粉色翻糖面上粘上分布均匀的红色翻糖圆片。

2 把做好的各种配件背面涂上食用胶水。

3 粘到白色蛋糕的侧面，先粘最大的一片。

4 再粘上其他的小配件，可随意搭配。

5 蘸上色膏画出装饰图案。

6 把做好的卡通熊放在蛋糕的顶面。

米奇童趣

1 先用白色翻糖和红色翻糖包两个蛋糕面，叠放在一起。在两层中间粘上黄色的翻糖皮。

2 用白色和黑色的翻糖做出两只手套，粘在上层蛋糕的侧面。

3 在手套上用黑色翻糖进行装饰。用白色翻糖做两个圆片，粘在手套下面。

4 用黑色翻糖做出米奇头，红色翻糖做出三角旗，粘在下层蛋糕的侧面。

5 在三角旗子上写上字符。

6 把做好的卡通人物和数字 1 放在蛋糕顶部。蛋糕上的数字可以根据不同的年龄改变。

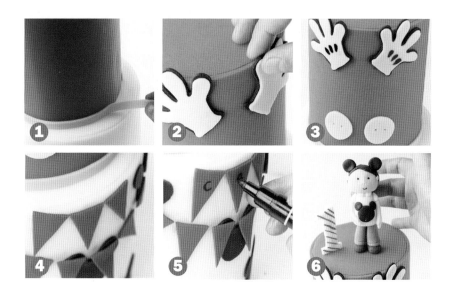

1. 先包两个蛋糕面，一个绿色，一个粉色，叠放在一起。然后把用模具做好的各种小花粘在下层蛋糕的侧面，再粘一些叶子点缀。

2. 在上层蛋糕侧面用蝴蝶结缎带进行装饰，再贴上一个白色和粉色两层的小牌子，写上英文字母，画上边缘线。

3. 把提前做好的小女孩和数字 1 等粘在蛋糕的顶面，这样蛋糕就完成了。

048

花样小美女

049

背影

1 先用白色翻糖压出一片与蛋糕顶面大小一样的翻糖皮，贴上，在蛋糕坯的侧面围上一圈糖皮。

2 用擀面杖把黄色的翻糖擀成一张糖片，用刀片切出一个宽3厘米的长条，用刀片把一边切分开，围着蛋糕的底边绕上一圈。

3 用同样的方式再绕上深蓝色、红色和绿色的翻糖，层与层之间都要保持一段距离，这样才可以看到下面的颜色。

4 再贴上黑色和蓝色的翻糖，颜色的搭配可以自己选择，贴多少层可以根据蛋糕的高低来决定。

5 用黑色翻糖压出五瓣花，在蛋糕的顶部贴一圈。

6 最后，把捏制好的人物放在蛋糕上，上桌时人物背面朝前。

淡雅

1 把翻糖调成淡紫色，包在大小不同的两个蛋糕坯上，包好后将两个蛋糕摞到一起。

2 在两个蛋糕底边上再围上一道白色的翻糖，翻糖要先压出花纹。

3 用蕾丝膏压出蕾丝，贴在蛋糕的侧面和顶面。

4 把绿色的翻糖擀成薄皮，压出小花，插上铁丝，形状可以随意一些。

5 再用白色的翻糖压出薄片花瓣，待晾干后，拼制成一朵花，插在蛋糕的侧面。

6 最后把晾干的小绿花随意搭配在白花旁边即可。

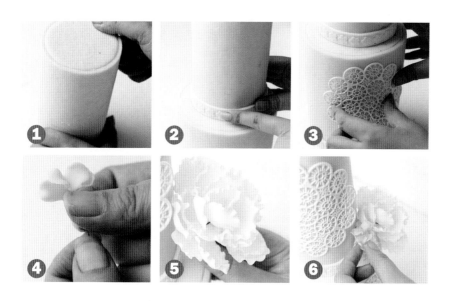

密集

1 准备两个一样的蛋糕坯，两端的圆面一个大，一个小，把大圆面和侧面包上黄色的翻糖皮，小圆面不包。

2 把两个蛋糕没有包翻糖皮的小圆面对在一起。

3 把黑色翻糖擀成一张糖片，压出大小不同的圆片。先从蛋糕的中间开始贴起，中间处的圆片是最大的，贴上一圈，往两边的圆片越来越小即可。

4 把灰色的翻糖搓成一个个的细长条，稍微弯曲一下。

5 在每个灰色的细长条上画上黑色的圆点。

6 最后，把这些细长条粘在蛋糕的底部和顶面即可。

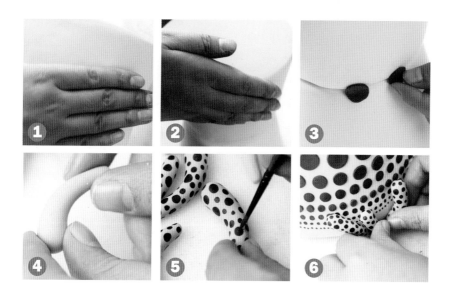

052

小王子

1. 用白色翻糖皮将蛋糕包好，把粉色条状翻糖皮粘在底部，再做一个粉色蝴蝶结粘在底部。

2. 在侧面粘上各种颜色的气球。

3. 用白色翻糖切一个数字3，风干，在3字上面画上黑色线条，粘在蛋糕顶上。

4. 用翻糖做一个娃娃放在蛋糕顶面的中央。

5. 在蛋糕下面的粉色蝴蝶结上粘上做好的卡通猫头鹰、小兔子等。

6. 在侧面粘上生日快乐牌、小蜜蜂、小鸟等进行装饰。

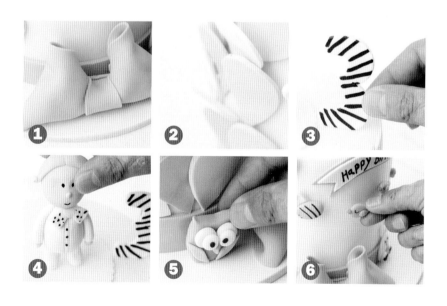

陶醉

1 用白色翻糖给两个烤好的蛋糕包面，叠成两层。在上层底部围一条红色糖皮，再做一个红色蝴蝶结。

2 用白色翻糖和红色翻糖切出不同的图形，粘在蛋糕的侧面。

3 再用白色翻糖切两只爱情鸟，粘到下层蛋糕的侧面。

4 在爱情鸟上画出边线及图案。

5 在其他的贴片上写字、画图案。

6 把提前做好的情侣放在蛋糕的顶部。

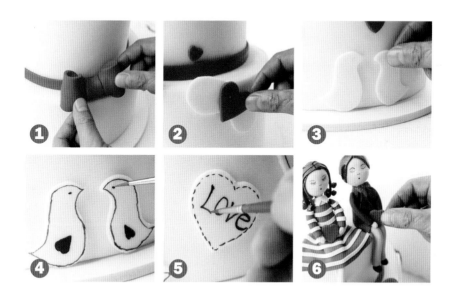

致青春

1　用白色的翻糖包出三个蛋糕坯，摞在一起。裁一条宽 1.5 厘米的绿色翻糖薄片，粘在每个蛋糕的底部。

2　再把绿色的翻糖擀成一张糖片，用刀片切出细长条，在下层和上层的蛋糕上竖着粘一圈，长短不一，有直有弯。用模具压出叶子，粘上。

3　再用模具压出花朵，花形和花色可以根据自己的喜好随意搭配，把压好的花朵粘上。

4　接着用白色翻糖擀成一张糖片，用刀片刻出女孩的轮廓后，粘在蛋糕的中间一层，用勾线笔蘸上黑色色膏，画出人物的轮廓细节和五官。

5　再用勾线笔蘸上红色色膏，画出嘴巴的颜色。

6　最后，裁出不同颜色的薄片长条，拼接出蝴蝶结的部分，在眼镜的一圈粘上不同颜色的翻糖薄片，在衣领等部位粘上小花等装饰即可。

055

花仙子

1 用白色的翻糖包上蛋糕坯，接着用白色的翻糖擀成一张糖片，用刀片刻出女孩头部的轮廓，贴在蛋糕的侧面。

2 蘸上黄色色膏，画出头发。接着再画出粉色的蝴蝶结，灰色的衣服。

3 画出蓝色的缎带。

4 用勾线笔蘸上黑色色膏，勾勒出头发的轮廓线条和衣服的细节。接着画出人物的轮廓细节和五官。

5 再用红色的翻糖，在花模里压出大小不一的花朵。

6 把花朵粘在蛋糕上，加上黄色花心。

졸거운 하루 친구

过节啦

1 给蛋糕坯包上淡蓝色的翻糖,将两个蛋糕摞到一起,再用白色翻糖擀成糖片,裁出波浪的形状,贴到每个蛋糕的底边。

2 用白色翻糖擀成糖片。切出三棵大树的形状,形状不一,贴在蛋糕的侧面。

3 用蓝色和白色翻糖切出两个大小不一的长方形,把角修切一下,贴在上层蛋糕上,蘸上黑色色膏写上字(小伙伴们喜欢什么就写些什么吧)。

4 在底层蛋糕上贴上戴着圣诞帽的小鸟,一共五只,大小不一。

5 在一棵树上画上红色的圆点。蘸上深浅不一的绿色膏,在另两棵树上画出弧线。在一棵树上画出树干的部分,另两棵树贴上咖啡色的树干。

6 在蛋糕的顶部,装饰上捏制好的三个小卡通。用白色翻糖压出雪花,点缀在蛋糕上。

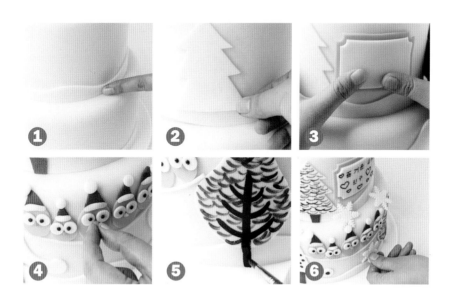

057

春意

1 把两个蛋糕坯分别包上白色翻糖，摞到一起，再用灰色翻糖擀成糖片，裁出房子的形状，粘在下层蛋糕的侧面。

2 把黄色和咖啡色的翻糖擀成糖片，裁后粘在蛋糕的顶部。

3 用蕾丝膏压出蕾丝翻糖，装饰在上层蛋糕的顶面和下层蛋糕顶面的边缘。

4 蘸上黑色色膏，在灰色翻糖片上画出房子的图案。

5 用绿色翻糖搓成一根根长短不一的细长条，在蛋糕的侧面粘一圈。

6 用黄色翻糖擀成糖片，压出五瓣花，错落着粘在细长条上。再用绿色翻糖压出叶子，粘在小花的周围。最后，在小花的中间粘上橙色的花心即可。

爱的云端

1 给两个蛋糕坯分别包上调过色的翻糖，大点的包上暗粉色的翻糖，小点的包上粉红色翻糖，摞到一起。再用白色翻糖擀成糖片，裁出云朵等形状，粘到蛋糕上。

2 蘸上蓝色色膏，在白色糖片上画出轮廓纹路，深浅不一。

3 接着再用咖啡色翻糖擀成糖片，用刀片刻出大树的轮廓，粘到下层蛋糕上。

4 用嫩绿色的翻糖搓成一个个长短不一的圆锥形，粘在下层蛋糕的底部，形成一簇簇的小草。

5 把鹅黄色翻糖擀成糖片，用刀片刻出一长条，粘在上层蛋糕的底部，画上红色的虚线。用鹅黄色和白色的翻糖，压出心形和叶子形，粘在大树的附近，蘸上色膏，画上图案。

6 把嫩绿色翻糖擀成一张薄片，切出圆片，粘在蛋糕顶面。最后，在蛋糕顶上放上捏制好的小美女即可。

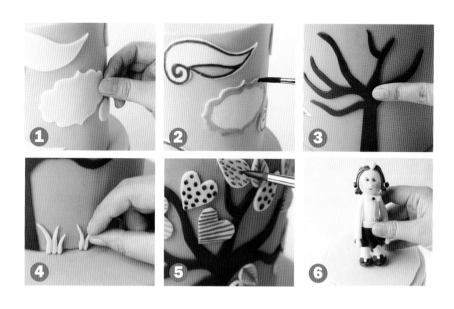

一岁啦

1 给蛋糕坯分别包上调过色的翻糖,大的包上灰色翻糖,小的包上黄色翻糖,将两个蛋糕摞到一起。再把蓝色、黄色的翻糖擀成片,切成条,围在蛋糕的底部,上层蛋糕只围上蓝色的翻糖片即可。

2 在下层蛋糕的侧面贴上一条咖啡色的翻糖,形成大树的主干部分。

3 将淡粉色和淡蓝色的翻糖薄皮,用刀裁成三角形,粘在上层蛋糕上,形成一串串的彩旗,蘸上黑色色膏写上字。

4 把蓝色翻糖擀成糖片,用水滴压模压出形状,用来装饰大树。在底部的围边上粘上白色的小条,在每个叶子上再装饰上白色的小圆点。

5 用压模压出花朵的形状,贴上。

6 用翻糖薄片切出小鸟的图形,粘在蛋糕的空白处点缀装饰。最后在蛋糕的顶部放上用翻糖做好的女娃娃和数字 1 即可。

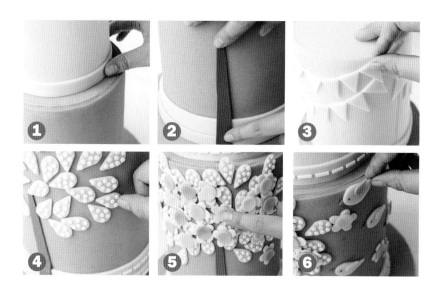

060

一周岁

1 先在烤好的蛋糕坯上包上白色翻糖，共包三个，叠放在一起，每个蛋糕的底部围上肉色的翻糖片。

2 用椭圆形的压模压出气球状的翻糖薄皮，颜色可以根据自己喜好选择，把压好的气球以鱼鳞状的形式粘贴在蛋糕的一侧，从底部向上延伸。

3 用白色的翻糖搓成细长条，粘在气球的尾部，粘放时让长条呈 S 状。

4 再将不同颜色的翻糖薄皮用刀片裁成三角形，粘在蛋糕的侧面。

5 用黄色和蓝色翻糖各擀成一张薄片，用黄色的薄片裁出蜜蜂的身体部分，蓝色的裁成蜜蜂的翅膀，粘在蛋糕的空白处点缀装饰。蘸上黑色色膏画出蜜蜂身体上的纹路。

6 用白色翻糖擀成一张糖片，用刀片划出云朵的形状，装饰在蛋糕空白处，在云朵上画出黑色的虚线边。最后在蛋糕的顶部放上用翻糖做好的蜜蜂小娃娃和数字 1（可以根据不同的年龄选择不同的数字）。

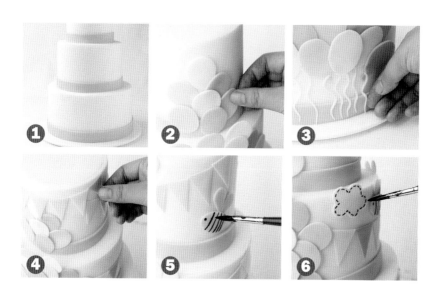

061

天秤座

1 在两个蛋糕坯上分别包上蓝色和肉色翻糖，叠放在一起。在上层蛋糕底部贴一条 2 厘米的橙色细条，再在橙色条上端贴一圈白色细条。

2 取棕红色翻糖，搓成 2 毫米粗的细条，缠在固定好的秤杆上。

3 将缠好的秤杆插进蛋糕中，固定好，在两端粘上秤盘，上端粘一枚蝴蝶结。

4 擀一块糖皮，用心形模具压出几个心形，颜色可根据自己的喜好选择。

5 搓一个小椭圆球，在两端粘上压好的心形，呈糖果状。

6 取一块肉色翻糖，搓出娃娃的头部，压出眼眶，挑出鼻子、嘴巴。

7 搓两条黑色小细条，粘在眼眶处。

8 将娃娃头固定在秤盘上，做两条手臂向外伸，在头顶盖一块蓝色圆片。

9 在圆片边缘处，搓几根线条粘上，当作刘海。

10 将另一个秤盘用糖果等填满。

11 做出另一个娃娃，粘在糖果上，固定好。

12 擀一张黑色糖皮，裁出天秤座标志，贴在蛋糕的侧面上。

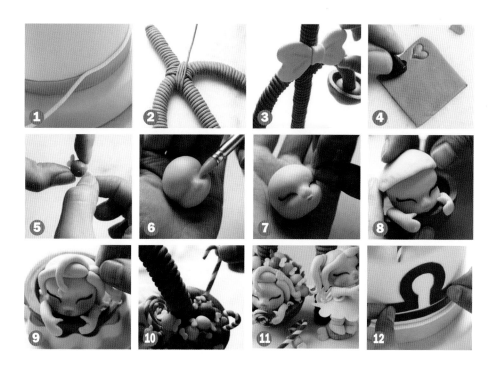

芭比
娃娃
062

1 把蛋糕坯切得类似锥形，把芭比娃娃扎到蛋糕中，在蛋糕坯外面包上翻糖。把白色翻糖切成长条，把一边擀出花边，粘在蛋糕的前半部分，一层层地粘。

2 用蓝色翻糖做出褶皱的裙摆。

3 在裙子的两侧，粘上黑色的翻糖小花，小花中间粘上银珠。

4 在芭比娃娃的上身同样包上蓝色的翻糖，擀成糖片用心形压模压上两片粘上即可，在衣服上端贴一圈白色翻糖条，在腰部用白色翻糖围上一圈花边装饰。

5 在芭比娃娃的腰部背面粘上一个蓝色的蝴蝶结。

6 用黑色翻糖压出五瓣花，把六七朵花穿在铁丝上，卡在芭比娃娃的头发上。

7 用黑色翻糖搓成小圆球，粘在芭比娃娃的耳朵上进行装饰。

8 最后做一束花放在芭比娃娃手中即可。

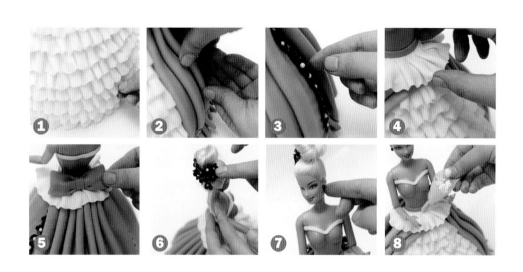

063

甜心宝宝

1 先在蛋糕坯上包上翻糖。用蛋白糖霜对蛋糕侧面进行装饰。取一块橙色翻糖擀成薄皮，裁出 6 片相同大小的长方形，借助两根筷子做出褶皱。

2 两边向中间对折，将两端接口捏紧，即成一条围边。

3 将做好的围边贴于蛋糕面的上边缘，多余的裁掉。

4 用心形压膜压出心形片，贴在接口处。

5 在花边内侧用蛋白糖霜做出细线装饰。

6 用花边圆模压出裙摆，在海绵板上压出弧度。

7 将裙摆逐层贴在当作身体的翻糖上。

8 取一块翻糖，搓成水滴状，用捏塑棒压出袖口。

9 取一块肉色翻糖，搓出头部形状，用捏塑棒做出眼眶、鼻子。

10 将头部粘在身体上，固定好，取一块肉色翻糖搓出手的形状，粘在袖口上。

11 在头顶粘上头发，再做两个小蝴蝶结粘上。把做好的娃娃放在蛋糕上。

12 做一朵仿真玫瑰花，插在蛋糕上即可。

兔博士的书房

1 把蛋糕坯上包上咖啡色的翻糖。再把咖啡色的翻糖擀成厚 1 厘米的糖片，用刀片裁出 1 厘米宽的条。

2 把条在蛋糕的侧面粘几圈，使蛋糕分成好几层，中间再隔上几根分段。

3 用不同颜色的翻糖擀成厚薄不一的糖片，切成一节一节大小长短不一的糖块。

4 把切好的糖块粘在不同的格中，有正有斜，颜色错开。

5 用橙黄色翻糖搓一个沙发的造型。

6 有勾线笔蘸上咖啡色的色膏，在沙发上画上纹路。

7 用白色翻糖搓出一个坐在沙发上的小兔子的身体部分。

8 搓一个圆球当头部连在身体上，捏上两个大大的耳朵。

9 接着用白色翻糖捏制出一本打开的书的造型，外面包上一层黄色的糖片。

10 把捏制好的书本放到小兔子的手中，对小兔子进行装饰。

11 再用白色翻糖切出方块，包上不同颜色的翻糖当作书皮。

12 在书的外面写上字。在蛋糕的顶部放上沙发和看书的小兔子，放上书。

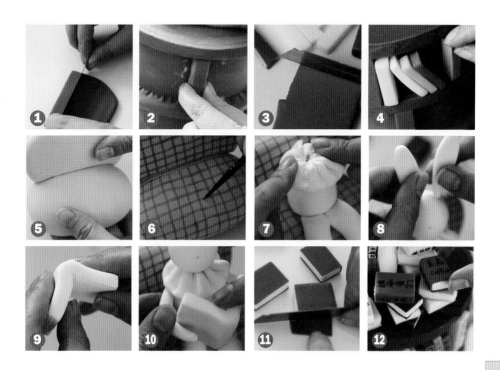

065

一往情深

1 先在蛋糕坯上包上翻糖。取一块白色翻糖，搓成椭圆形压扁。

2 用带纹路的捏塑棒将边缘压扁，形成花形。

3 在中心压两个圈，一大一小。

4 沿外边缘扎出纹路。

5 在里面扎出纹路。

6 嵌入大小不同的银珠糖。

7 刷上金粉及珠光粉。

8 取一块白色翻糖，搓成细条。

9 将细条粘在蛋糕上，在四条细条接口处粘一根小条，掩盖接口。

10 取一块白色翻糖，在蕾丝模具上擀压。

11 将擀出纹路的翻糖皮裁成长条，做出蝴蝶结。

12 将做好的蝴蝶结贴在蛋糕第二层上，珠宝花放在顶面即可。

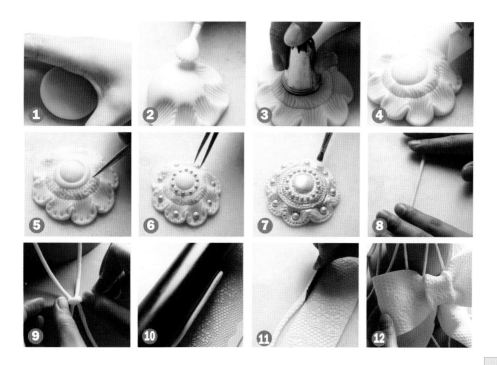

066

美美哒

1 擀一张黄色翻糖皮，包于蛋糕面上，用磨平器磨平整。

2 擀一张长条白色翻糖皮，用锯齿轮刀划出印迹。

3 将有印迹的长条裁下来，当作拉链，贴在包包的顶端。

4 拉链两侧贴两条黄色细条，在细条上扎上孔。

5 擀一张黄色翻糖皮，裁出两条长条，将两端放平，中间折起，当作包带。

6 折好后的包带再向内折，呈圆柱状。

7 翻过包带，在下端扎上孔。

8 用蛋白糖霜在包上写上商标。做两个拉锁贴在顶端，刷上金粉。

9 将拉锁的飘带粘接在拉锁两端。

10 将定型好的包带粘贴在包上即可。

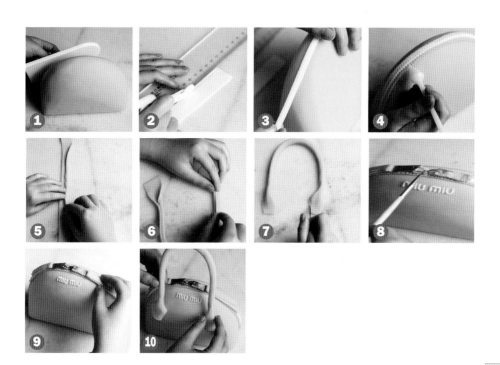

067

浪漫蝴蝶结

1 先在蛋糕坯上包上翻糖。擀一块粉绿糖皮，裁出长条，贴于蛋糕上部，再做一条粉色长条贴在蛋糕中间。

2 在顶端边缘用蛋白糖霜挤出花边。

3 做一个粉色大蝴蝶结。

4 裁一块粉色正方形翻糖皮，折出布的质感，贴在蝴蝶结中间。

5 擀一块白色翻糖皮，用模具压出菱形，贴在蛋糕侧面。

6 擀一块粉色翻糖皮，用小五瓣花模压出五瓣花。

7 将五瓣花用捏塑棒压出凹槽。

8 取一块白色翻糖，在心形模具上压出需要的图案。

9 在心形糖片上刷上银粉。

10 将五瓣花贴在菱形片的边缘，心形片贴在中央即可。

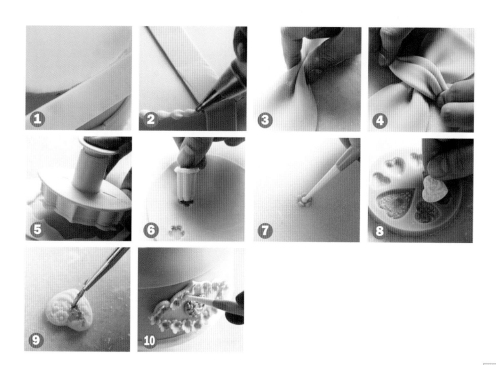

1 用圆圈模压一个圆片。

2 在圆片的外圈扎出小孔。取一个小一点的圆圈模，在圆片上压后将中间的小圆片取出，换成粉绿色翻糖片。

3 用大小不同的五瓣花模压出一些五瓣花片，颜色不一，在四周扎出小孔。

4 取小块翻糖在扣子硅胶模具上压出一些小扣子。

5 在前面的粉绿色糖片上用五瓣花模压后取下，换成粉色五瓣花贴于粉绿色圆片中间，在中间贴上压好的小扣子，将所有图形边缘扎上小孔，贴在包好面的蛋糕顶上。

6 擀一张粉绿色翻糖皮及一张桃红色翻糖皮，裁成长梯形，交错贴于蛋糕面上。

7 在蛋糕下端贴上不同色的长条围边，扎上小孔。

8 擀一张深卡其色翻糖皮，比照纸模裁出小熊的脸。

9 在小熊脸上粘上耳朵、眼睛、鼻子、嘴，边缘扎上小孔。同样做出小兔子的造型。

10 擀一张桃红色翻糖皮，裁出鞋子各部分的形状。

11 在鞋帮的翻糖皮上用裱花嘴压出鞋带孔，在边缘处扎上小孔。

12 将鞋子各部分组装固定好，定型。

13 取白色翻糖皮裁一条细条，粘贴于鞋底边上。

14 在鞋头上贴一块翻糖皮，对鞋带孔进行装饰，粘上鞋带，将鞋带两端多余的翻糖皮塞入孔内。

15 用卡通、花朵、扣子等对蛋糕侧面进行装饰，把小鞋子放到顶面上即可。

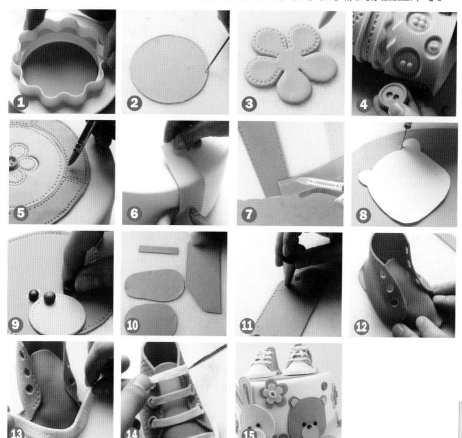

CHANEL

1 擀一张玫红色糖皮，按所需尺寸裁出长方形，在边缘用锯齿轮刀压出印迹。

2 用刀形棒划出不等宽的纹路。

3 划出不等宽的格子，用刀形棒在格子内再划一圈。

4 用圆头的捏塑棒在格子内压出凹槽。

5 将压好的糖皮包在削好形状的蛋糕上，按比例贴好。

6 取一块枚红色翻糖搓成长条，用捏塑棒压出一条条凹槽。

7 将两端压扁，做为提手粘到包上，再进行一些细节处理。

8 擀一张 1 厘米厚的翻糖皮，按比例裁出两个手包封口处形状的糖片。

9 将糖皮包在削好形状的蛋糕坯上，将裁好的糖片重合在一起粘在手包上，固定牢，再进行一些细节处理。

10 擀一块黑色糖皮，裁成正方形，用小圆圈模压出四个圆，填上不同颜色圆片，做成四色眼影。

11 搓一个圆锥体当作指甲油瓶，颜色可根据自己的喜好选择，在上面淋上熬好的糖，冷却后备用。

12 在冷却的指甲油瓶上端加粘一个细长圆锥形，当作指甲油瓶盖，再进行一些细节处理。

13 把黑、白、灰三种颜色的翻糖混合在一起。

14 将混合好的糖皮擀薄后裁成正方形，当作丝巾。

15 将丝巾折叠好，呈自然状态搭在包装袋上即可。

16 做三层削好形状的蛋糕，第一层和第三层用纯黑色翻糖包好后，用方形格子模压出方形纹路，第二层用黑白方形粘贴。把配饰放上去进行点缀即可。

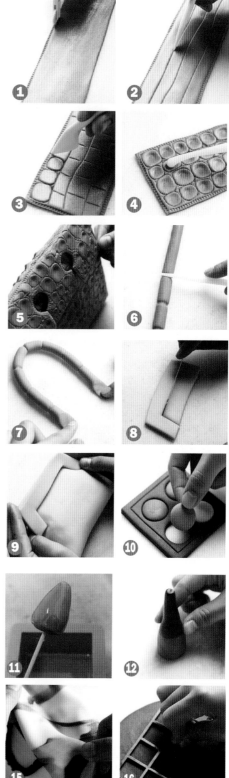

070

绅士风格

1. 擀一张黑色翻糖皮，裁出梯形和三角形。

2. 将裁好的糖皮由上到下贴于包好面的蛋糕上，衔接处修割干净，从正面看呈倒三角形。

3. 在最下层蛋糕面上贴上黑色细条。在倒三角形中间贴上黑色细条。

4. 擀一张白色翻糖皮，裁出相应形状，贴在倒三角形的两边。

5. 在黑色倒三角中间贴上白色小圆片，当作扣子。

6. 做一个白色蝴蝶结，贴在领口处，下面配上黑色装饰。

7. 搓一个上大下小的圆台，粘在一个小圆片上，做成一顶小帽子，备用。

8. 取一块黑色翻糖，搓成菱角形，两端搓尖。

9. 将两尖端向内卷起，做出胡子造型。

10. 用针形棒在中间压出凹槽，风干。

11. 把帽子粘在胡子上，再一起插到蛋糕顶面上即可。插上花朵进行点缀。

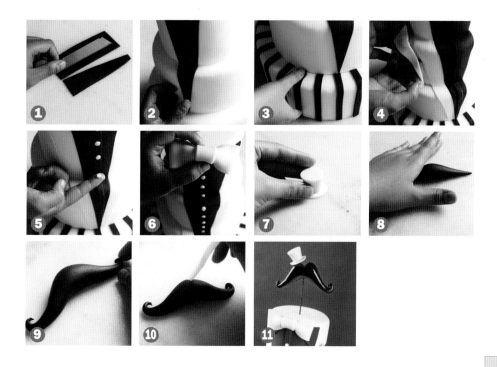

西瓜
仙子
071

1 取一块肉色翻糖，搓出娃娃头部，压出眼眶、鼻子、嘴巴等。

2 画出娃娃的眼睛、腮红及唇色，用黑色翻糖搓出一根根头发，粘在头顶。

3 擀一张浅绿色翻糖皮，压出大圆片，将边缘擀出褶皱，用小号圈模把中间压空，做成花边。同样再做3个小一号的深绿色的花边。

4 用肉色翻糖搓出腿的形状。

5 压两个浅绿小圆片，擀出褶皱，贴在小腿根部。

6 取深绿色翻糖搓成椭圆形，用豆形捏塑棒压出鞋洞。

7 在底部贴上黑色鞋底，划出纹路。

8 将小腿带花边的那端插入鞋洞。

9 用红色翻糖做出身体部分，将浅绿色的花边粘在身体上。

10 把深绿色的花边分别粘在身体的两侧和中间。

11 在身体两侧的花边里安上用红色翻糖搓出的胳膊，摆好想要的姿势。

12 取肉色翻糖做出娃娃的手掌，用刀片划4刀，用手将手指搓圆滑。

13 做一个小帽子。将深绿色圆片擀出褶皱，用浅绿色翻糖皮折出小包，粘在深绿色糖皮上，粘上做好的小西瓜装饰即可。

14 做一大一小两个蝴蝶结，小的粘在帽子上，大的粘在娃娃背部。把做好的娃娃放到包好面的蛋糕顶面上。

15 用圆圈模压出红色圆片，再裁些绿色细条环绕在圆片周围，做成西瓜片。

16 将西瓜片对半切开，点缀在蛋糕上，画上黑色的瓜子即可。

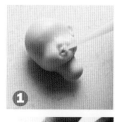

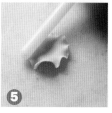

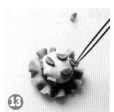

1 在包好的蛋糕面上划出菱形格子。

2 擀一块白色糖皮，裁出一条 6 厘米 ×22 厘米的长条，将两端向中间对折。

3 翻过来，将中间捏起。

4 取一块白色翻糖，填在硅胶模具中，压出珠宝扣的形状。

5 在珠宝扣上刷上金粉和珠光粉，与蝴蝶结粘在一起，装饰在蛋糕上。

6 搓大小相同的圆球，放在蛋糕底端做围边。

072
甜美
奢华夜

典雅
073

1 将白色翻糖擀成薄皮，裁 12 片同样大小的长三角形，绕圆心贴于蛋糕面上。

2 将下面多余的翻糖皮切掉。

3 把黑色翻糖擀成薄皮，用花式轮刀切出花边，贴于蛋糕下端。

4 擀一小张白色翻糖皮，用花边圈模压一个花边圆片，用小号裱花嘴在花边上压出圆孔。

5 将花边圆片放于海绵板上，用捏塑棒圆头擀薄边缘。

6 压一片白色翻糖皮小圆片，用针形棒扎出不规则小孔，贴于花边圆片上。

7 把黑色翻糖擀成薄皮，裁出女子侧脸剪影的形状，贴于圆片上。

8 用蛋白糖霜在圆片周围进行装饰，将其贴于蛋糕顶面即可。

母亲节快乐

1 把翻糖擀成薄皮，裁成等宽的长条。

2 切一小段，放在海绵板上，用球形棒擀薄边缘。

3 随意折出褶皱，把中间部位捏紧。

4 用刀片切出想要的长度。

5 由球形花托底部开始逐层向上粘贴（注：尽量不要有空隙）。

6 将做好的花深浅交错粘贴于包好面的蛋糕上即可。

英伦风

1　把浅蓝绿色翻糖擀成薄皮，覆盖在蛋糕坯上。

2　把白色翻糖擀成长条，用直尺裁出需要的宽度，围于上层蛋糕面下端。

3　取一小块白色翻糖搓成长条，填于模具中，用力压实，将多余的翻糖用刀片切掉，脱模备用。

4　将脱模的翻糖围边贴在下层蛋糕面上，上下贴两条。

5　取小块白色翻糖填于宝石模具中，脱模贴于下层蛋糕面上，每面一枚。

6　将宝石边缘刷上金粉，宝石中央刷上珠光粉。

7　做一个蝴蝶结贴于上层白边处。

8　包几朵玫瑰花，风干备用。

9　将干透的玫瑰花放于蛋糕顶面，整理好角度即可。

076

优雅

1 把蛋糕用棕红色翻糖皮包面，再把白色翻糖擀成薄皮，裁出一条长条，贴于蛋糕底部做围边。

2 用水滴模具压出水滴形花瓣，用捏塑棒擀出褶皱。

3 将花瓣对折再对折，折出花心。

4 把折好的花心用色粉刷上颜色。

5 花心包圆后的花瓣不需再折，直接包在花心上，每瓣粘接于上一瓣中间位置。

6 在蛋糕侧面用蛋白糖霜勾出花纹。

7 取一块白色翻糖，搓成长条，放入珍珠形硅胶磨具中，用力挤压，将多余的翻糖切掉。

8 取出压好的珍珠串，贴于蛋糕面上，将花放在珍珠串中央即可。

朵朵向阳开

1 在包好的蛋糕面上用蛋白糖霜画出纹路。

2 用蛋白糖霜在蛋糕底部挤出花边。

3 取一块翻糖擀成薄皮，用向日葵压膜压出花瓣。

4 将花瓣在淀粉盘中定型，粘上圆形花心。

5 取一块绿色翻糖，擀成薄皮，用叶模压出叶子，放入淀粉盘定型。

6 用蛋白糖霜装饰花心，黄色周围挤一圈咖啡色。

7 在咖啡色周围挤上绿色蛋白糖霜。

8 将定型好的向日葵粘贴于蛋糕上，叶子在花空隙中粘贴即可。

棒棒
蛋糕

1　用调好的咖啡色翻糖捏出小熊的头部和耳朵。

2　在耳朵上加一点黄色翻糖，再用白色和黑色翻糖做出小熊的嘴巴、眼睛和鼻子。

3　用咖啡色的翻糖做小熊的身体，白色做肚皮。

4　把小熊的身体和头部组合起来。

5　把准备好的棒棒从中间穿入小熊的身体和头部，把这两部分连在一起。

6　一个呆萌的卡通熊棒棒蛋糕就完成了。

078
呆萌
卡通熊

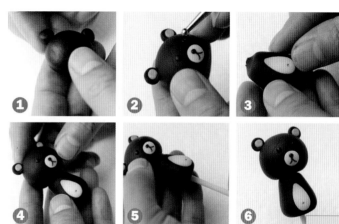

看我
帅不帅
079

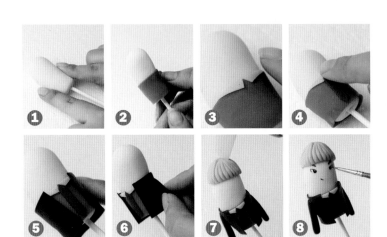

1 先用翻糖搓一个圆柱形，穿在棒棒上。

2 在圆柱形一半的位置，包上蓝色翻糖的糖片。

3 用白色翻糖裁出衣领的部分，贴上。

4 在中间再贴上领带的部分（衣服和领带的颜色可以自由搭配）。

5 用黑色翻糖擀成一张糖片，切成条状，粘上。

6 用黑色翻糖搓两个细长条，贴在两边，形成袖子。

7 用蓝绿色的翻糖搓成一个圆球，压扁后，蘸上水包在顶部形成头发的部分，用切刀形捏塑棒把头发压出纹路。

8 最后用勾线笔蘸上黑色色膏，画出眼睛等面部细节即可。

1 用调好的黄色翻糖，捏一个小黄人的圆柱形身体。

2 用捏塑棒在身体的三分之一处做一个嘴巴。

3 用黑色翻糖做出小黄人的头发和眼镜腿，用捏塑棒压出眼窝。

4 用不同颜色的翻糖做出小黄人的眼睛。

5 用蓝色翻糖皮切出衣服粘在小黄人的身体上。

6 插上棒棒，这样小黄人棒棒蛋糕就完成了。

080

快乐
小黄人

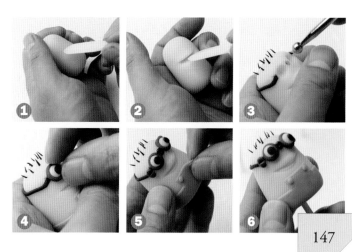

甜美
如花

081

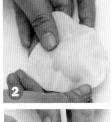

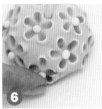

1 在圆形棒棒蛋糕外面包上一层橙色的翻糖。

2 再把白色的翻糖擀成很薄的薄片，包在橙色翻糖的外面，透出淡淡的橙色。

3 把棒棒从圆形蛋糕的中间插进去。

4 用圆球形的捏塑棒在棒棒蛋糕的表面推压出水滴状，五个水滴围在一起形成一朵小花。

5 在每朵小花的中间压出花心的部分。

6 最后，在每朵小花的中间，用白色翻糖搓成小圆球当花心即可。

1 在圆形棒棒蛋糕外面包上一层绿色的翻糖，插上棒棒。

2 把粉色的翻糖擀成薄片，用五瓣花的压模，压出一朵朵的小花。

3 在小花上蘸上水，贴到圆形棒棒蛋糕的表面，贴时随意错开。

4 用尖形的捏塑棒，在每朵小花的中间压出花心。

5 再用同样的方式压出白色五瓣花，贴在蛋糕上。

6 在每朵小白花的中间压出花心即可。

●082
花儿
朵朵开

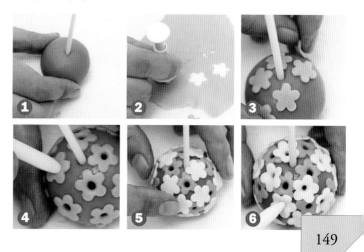

花团锦簇

083

1 在圆形的棒棒蛋糕外面包上一层翻糖。翻糖的颜色可随意搭配。

2 用圆球形的捏塑棒，在棒棒蛋糕的表面压出一个个凹槽。

3 把翻糖搓成一个圆锥形，用圆锥形捏塑棒在中间压一下，形成一个圆，边上是薄的，再用刀片将其切开形成一瓣瓣的花瓣。

4 切开的花瓣用圆球形的捏塑棒压薄。

5 小花蘸上水，粘在棒棒蛋糕的凹槽中。

6 最后，在每朵小花的中间，用翻糖搓成小圆球当花心即可。

第三部分
作品欣赏

我是主厨培训课程

百余名世界级大师团队和国内顶尖导师教学，不出国门
就可跟国际大师学习

翻糖蛋糕专修班 　　　　拉糖工艺班
面塑工艺班 　　　　　　巧克力工艺班
杏仁膏蛋糕班

我是主厨学院

COLLEGE OF "I'M" CHEF

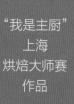

点评

这款作品是以复古风格
为主的人物蛋糕，手绘
与立体的人物相结合，
细节部分处理得非常
完美，人物面部表情生
动，整体富有诗意。

点评

"我是主厨"大赛一等奖作品。这款作品中花卉的制作精细，花朵仿真度高，大小花搭配合理，美人鱼整体呈C形立在蛋糕顶部加强了立体感及动态感，整体设计小巧精致，美轮美奂。

42

点评

"我是主厨"大赛二等奖作品，精细的蛋白霜吊线、优雅的配色是这款蛋糕的亮点所在，层层镂空的蛋白霜很考验一个人的裱花功力及耐心、细心程度，所以这是一款以细工取胜的作品。

点评

此款作品的亮点是在平面的翻糖片上面用蛋白霜裱出图形，通常用蛋白霜裱出来的图形不会产生较强的立体感，但是这款作品的人物面部及字体立体的处理非常巧妙，显得立体感较强，结构的设置一目了然却又丰富多彩，是设计上一个不错的突破点。

点评

人物头部制作精细，特别是眼神的处理值得称道。用珠光粉、金粉涂刷出的头饰逼真且生动。整体风格统一，民族风扑面而来，给人一种优雅而神秘的感觉。

点评

翻糖与杏仁膏的花边手法独特，杏仁膏的亮度很棒，人物面部表情生动，每个人物的黑眼球上都加上白色的高光，这些细节会给整体加分。

点评

红茶杯的制作是以同样
大小的茶杯为模型，把
糖皮晾干后再拼接成
杯子，把人物设计在杯
子边，这种构图显得魔
幻且动感较强。

点 评

用金粉刷出的马车制作
精细，具有童话感，曲
线为主做出的花边装
饰使整体显得很柔和。

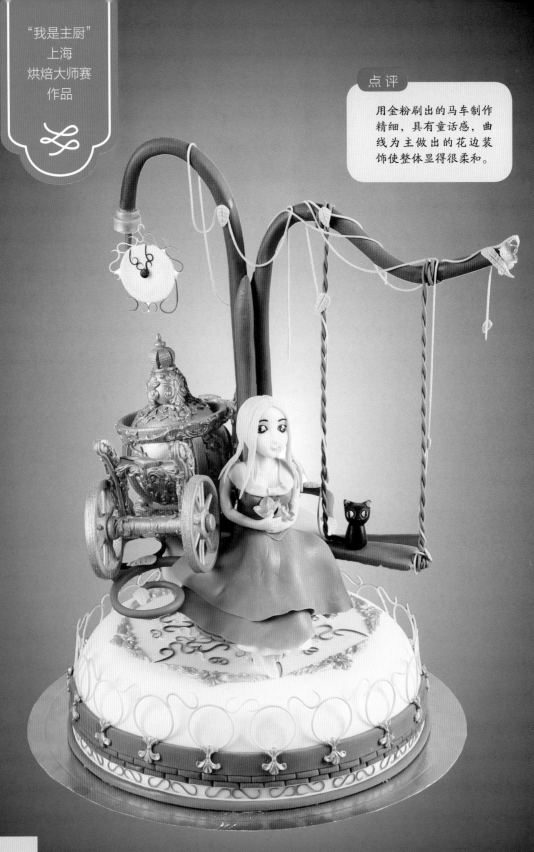

点评

四个小孩呈三角形构
图，使画面稳定感更
强，橙色调为主能增加
画面的食欲感。

WANGSEN

INTERNATIONAL COFFEE BAKERY WESTERN-FOOD SCHOOL

王森国际咖啡西点西餐学院

创业班

适合高中生、大学生、白领一族、私坊老板，创业、进修皆宜，100% 包就业，毕业即可达到高级技工水平。

一年制蛋糕甜点创业班　　一年制烘焙西点创业班
一年制西式料理创业班　　一年制咖啡西点创业班
一年制法式甜点咖啡班

学历班

适合初中生、高中生，毕业可获得大（中）专学历和高级技工证，100% 高薪就业。

三年制酒店西餐大专班
三年制蛋糕甜点中专班

留学班

适合高中以上的烘焙爱好者、烘焙世家接班人等，日韩法留学生毕业可在日本韩国法国就业，拿大专学历证书。

日本果子留学班　　韩国烘焙留学班
法国甜点留学班

外教班

适合想增加店面赢利点的老板，提升技术的师傅，想做特色产品的私坊老板，接受国际最顶级大师的产品制作和设计理念。

韩式裱花　　法式甜点
日式甜点　　英式翻糖
美式拉糖　　顶级咖啡
天然酵母面包

苏州校区：www.wangsen.cn　北京校区：www.bjwangsen.com　广东校区：www.wsbake.com
QQ：281578010　　电话：4000-611-018　　地址：苏州市吴中区蠡昂路 145-5 号

YOUR TRUST
OUR PRIDE

奥世巧克力

奥世巧克力是首个由新加坡人自主创立的品牌，生产纯脂和代脂巧克力，并把高品质的巧克力送往世界超过45个国家。精选全球最优质的可可豆，运用150年历史的制作工艺和世界一流的布勒生产设备，奥世竭力付出，让人们享用优质原料和上乘口感，且引以为傲，励志做到最好。奥世和美食大师共同钻研，精心创造与众不同的口味，不断丰富奥世巧克力的产品线并力争完美口感，供应品质如一兼具创造性的巧克力产品，助力主厨们实现各色非凡美味，满足客户们的需求。

Grand 61

更多奥世巧克力信息
欢迎关注我们的官方微信

荣誉产品 Grand 61 黑巧克力

2014年，宿有世界食品"诺贝尔奖"之称的Monde Selection世界食品品质大会授予新加坡奥世旗下的ARTISAN Grand 61黑巧克力大会金奖。

这款被命名Grand 61的巧克力是奥世标志性的纯脂黑巧克力，甄选南美和西非的可可液块，充满柔和花香和馥郁果味、坚果香气弥漫唇齿间。完美调和的口感适用于造型巧克力、巧克力涂层和各种糕点制作。

MADE IN ITALY

炫彩原木

KIT COFFEE

尺寸:70mm X 250mm
容量: 1.3 L
适用温度范围: -60°C 到+230°C

半圆形模具 + 装饰垫

Vol. 1.3L
70 mm
250 mm

185 mm
250 mm

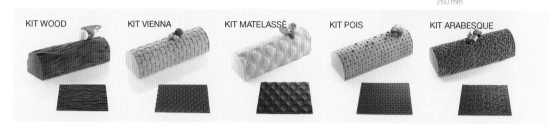

KIT WOOD KIT VIENNA KIT MATELASSÈ KIT POIS KIT ARABESQUE

REGISTERED DESIGN

相关产品SI3259: 用于制作半圆形中间部分

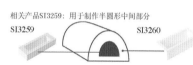

SI3259 SI3260

主　　编：王　森

副 主 编：张婷婷　周　毅

参编人员：苏　园　乔金波　杨　玲　武　磊　武　文　韩　磊　顾碧清

　　　　　朋福东　孙安廷　韩俊堂　成　圳　尹长英

文字校对：邹　凡

摄　　影：苏　君　黄鸿儒

图书在版编目（CIP）数据

超可爱翻糖蛋糕 / 王森主编 . -- 郑州：河南科学技术出版社，2016.1

ISBN 978-7-5349-8024-4

Ⅰ . ①超… Ⅱ . ①王… Ⅲ . ①蛋糕－糕点加工 Ⅳ . ① TS213.2

中国版本图书馆 CIP 数据核字 (2015) 第 270163 号

出版发行： 河南科学技术出版社

　　　　　　地址：郑州市经五路66号　　邮编：450002

　　　　　　电话：(0371) 65737028　65788613

　　　　　　网址：www.hnstp.cn

责任编辑： 冯　英

责任校对： 李晓娅

整体设计： 张　伟

责任印制： 张艳芳

印　　刷： 北京盛通印刷股份有限公司

经　　销： 全国新华书店

幅面尺寸： 170mm×240mm　　**印张：** 12　　**字数：** 250千字

版　　次： 2016年1月第1版　2016年1月第1次印刷

定　　价： 49.80元

如发现印、装质量问题，影响阅读，请与出版社联系。